河蟹
增效养殖技术

HEXIE ZENGXIAO YANGZHI JISHU

王 权 韩兴鹏 编著

中国科学技术出版社
·北 京·

图书在版编目（CIP）数据

河蟹增效养殖技术 / 王权，韩兴鹏编著 . —北京：
中国科学技术出版社，2018.1
ISBN 978-7-5046-7765-5

Ⅰ. ①河… Ⅱ. ①王… ②韩… Ⅲ. ①中华绒螯蟹—淡水养殖
Ⅳ. ① S966.16

中国版本图书馆 CIP 数据核字（2017）第 264010 号

策划编辑	乌日娜
责任编辑	乌日娜
装帧设计	中文天地
责任校对	焦　宁
责任印制	徐　飞

出　　版	中国科学技术出版社
发　　行	中国科学技术出版社发行部
地　　址	北京市海淀区中关村南大街16号
邮　　编	100081
发行电话	010-62173865
传　　真	010-62173081
网　　址	http://www.cspbooks.com.cn

开　　本	889mm×1194mm　1/32
字　　数	100千字
印　　张	4.25
版　　次	2018年1月第1版
印　　次	2018年1月第1次印刷
印　　刷	北京威远印刷有限公司
书　　号	ISBN 978-7-5046-7765-5 / S・682
定　　价	18.00元

Contents 目 录

第一章
河蟹养殖概况

　　河蟹（大闸蟹）不仅具有丰富的营养价值，而且因其味道鲜美，被誉为"水中珍品、酒宴佳肴"。河蟹因其抗病能力强，生长迅速，经济价值高，在渔业生产中有着重要的地位。目前，河蟹产业已经成为江苏渔业的支柱产业、品牌产业，有江苏省淡水渔业的"半壁江山"之称。"一只蟹，一个大产业"已成为共识。河蟹养殖不仅带动了青虾、克氏螯虾、鳜鱼等养殖品种的飞速发展，而且带动了与之相关的旅游渔业、休闲渔业的发展。河蟹养殖产业与河蟹第三产业已成为农村脱贫致富的一个重要途径，也是大学生创业的一个重要途径。

一、河蟹文化

　　了解我国的河蟹文化，就能够更好地了解河蟹的消费传统，较为全面地把握我国河蟹产业发展的过去与未来。河蟹自古就是宴席上的珍肴，有着丰富的文化和悠久的历史，是我国单项水产品文化中最为发达的一种。唐朝诗人李白、南宋江湖派诗人刘克庄、宋代文学家苏东坡、清初文人李渔等均留下传世佳句。宋朝吴江太尉徐自道《游庐山得蟹》一诗中的"不到庐山辜负目，不食榜蟹辜负腹"已成为蟹文化中的名句，广为传播。民间流传有"西风响，蟹脚痒""九月团挤十月尖"等俗语，深深地影响着我们的饮食文化和饮食习惯。经过长期的历史积淀，人们发现，在我国3个地区生长的河蟹品质最好，形成了历史上有名的三大名蟹：花津蟹、胜芳蟹和阳澄湖蟹。

古丹阳大泽"花津蟹"在这三大名蟹中的历史最悠久，最早因李白的诗词中有大量的咏蟹诗句，它在唐代就十分有名。又因其靠近都城南京，"花津蟹"在明代达到全盛时期，后来清代它成了皇帝的贡品，乾隆皇帝封其为"御之蟹"。而白洋淀的"胜芳蟹"从元代开始逐渐闻名，主要是因为其产地靠近元朝的都城北京。"阳澄湖蟹"则是在明朝中叶，随着苏州的经济发展而逐步闻名的。到清代中后叶，"阳澄湖蟹"的名气逐步盖过前面两种名蟹。特别是新中国成立后，"阳澄湖蟹"几乎是一枝独秀。近年来，随着河蟹人工养殖和繁育技术的进步，内陆许多地方都养起了河蟹，"阳澄湖"一枝独秀的局面已一去不复返。

根据长期的实践和总结，人们认为河蟹的医药用价值很大。河蟹自古就是一味治病的良药，味咸，性寒，入肝、胃经，有散瘀血、通经络、续筋骨、解漆毒、滋阴的作用。《神农本草经》《本草逢原》《随息居饮食谱》《本草纲目》均有详细记载，中医临床上，常以蟹内服、外用治疗湿热黄疸、产后瘀滞腹痛、难产、胎衣不下、跌打损伤、损筋折骨、血瘀肿痛、痈肿疔毒、漆过敏等症，并有抗结核及调节免疫作用。现代的科学研究表明，河蟹不仅味道鲜美，而且含有极为丰富的蛋白质、维生素和微量元素，营养价值极高，医学用途广泛。

二、河蟹研究史

我国古代研究和记载河蟹的专著较多，如唐代陆龟蒙的《蟹志》，高似孙的《蟹略》、宋代傅肱的《蟹谱》等对蟹的外部特征、生活习性和病害等都做了描述。

20世纪40年代有学者在河蟹分类区系方面做了初步研究；50～80年代褚南山、陈子英、赵乃刚等研究了河蟹的生殖、生理、内外部结构、洄游习性、天然繁殖、人工繁殖等问题。1959年水产科技人员在崇明县八滧闸捕捞天然蟹苗放流取得成功；1971年，浙江淡水水产研究所、东海水产研究所和上海水产学院利用天然海水人工繁殖河蟹苗成功；1975年安徽省滁县地区水产研究所用人工配制海水繁育河蟹苗成功；80年代对河蟹生殖发育及胚胎发育等方面研究又有了深化；1977年台湾水产工作者采用养殖池密集式养殖大闸蟹（河蟹）成功，取得了较好的效益。近几年我国广大水产科技工作者对河蟹苗种鉴别、扣蟹培育、高效养蟹、生态修复、蟹病防治、生物饵料、人工饲料的研究也有了较大的进展。

　　在国外，研究河蟹的历史也较早。1912年9月26日在欧洲捕捉到第一只河蟹，捕捉处在德国的莱茵河支流阿勒河，当时轰动了整个欧洲。由此推断在1912年之前，河蟹已扩布到欧洲。几年时间，整个欧洲几乎都有河蟹分布，尤其是欧洲北部分布普遍。国外研究河蟹最早的是德国。当时德国的河蟹大量繁殖，人们又不知道食用，任其自然繁殖。岸边、河堤到处是蟹洞，致使河堤坍塌。德国的帕宁与彼得两学者开始研究河蟹，主要研究其生活习性及生态，试图控制河蟹的繁殖。1933年他们写了《河蟹》专著，后来荷兰等国学者也开始研究河蟹。

　　近年来，国外对河蟹的研究和生产也有一定的进展。欧美生物学和生态学家主要研究它"入侵"影响，如河蟹入侵及群体数量变动，河蟹与本土种适应环境的异同，河蟹入侵对本土生物种群、水利设施、肺吸虫病的影响等。

三、河蟹产业的发展阶段

　　20世纪50～60年代，由于大规模的农田水利建设，在通海

的江河兴建了水闸和大坝，阻断了河蟹的通道，影响了河蟹自然增殖，加之水环境的污染日趋严重，河蟹资源大幅度减少，蟹苗供应严重不足，放流蟹苗来源困难，致使河蟹产量锐减，导致市场河蟹价格昂贵。

20世纪60年代开始放流增殖工作。

20世纪70年代初我国水产工作者在沿海河蟹苗资源调查的基础上开始了人工繁殖研究，经过10余年的努力，先后解决了亲蟹饲养运输、交配产卵、越冬孵化、幼体培育和蟹苗暂养等一系列技术问题。

20世纪90年代初开始大量养殖河蟹。

20世纪90年代开始至今可划分为4个阶段：

初级阶段："大养蟹"阶段，20世纪90年代（"八五"、"九五"期间），用了10年。

中级阶段："十五"（2001—2005）期间，各养蟹产区由"大养蟹"转为"养大蟹"。通过生物修复技术，改善养殖水环境，河蟹规格明显增大。然而主要问题是肥满度不够，而且商品蟹上市时间晚而且集中。

高级阶级："十一五"（2006—2010）以后，养蟹产区开始从"大养蟹"转为"养优质蟹"。

现阶段："十二五"（2011—2015），养蟹产区开始从"养优质蟹"到"生态养蟹"，创品牌。水草、螺蛳的大量使用和饲养技术飞速进步。

现在除西藏自治区外全国都有河蟹，2012年全国河蟹产量65万吨，产值400多亿元。江苏产量占到全国的一半以上，养殖面积400万亩（每亩667米^2），产量32万吨，产值200余亿元。安徽省、湖北省河蟹总产量分别居全国第二、第三位。苏南地区养蟹效益较高，池塘多在3 000元/亩左右，最高的超万元；湖泊围网养蟹的亩效益也多在1 500元上下。

目前，河蟹养殖仍存在许多问题，如许多场家苗种生产不规范，苗种质次混杂；成蟹养殖重高产、轻环保、乱用药的人较多；河蟹市场仍然乱而不畅；许多地区养蟹效益仍然不高，甚至亏本的仍占一定的数量，等等。今后应以生态高效为中心，把河蟹产业提高到新的水平。

四、制约河蟹产业发展的主要问题

河蟹养殖过程中虽然存在很多问题，但是这是一个行业发展所必经的一个过程，总的趋势是好的。制约河蟹产业发展的主要问题有以下几方面。

一是长江水系河蟹种质资源遭到严重破坏。

二是由于河蟹养殖前几年片面追求产量和养殖面积，对种质资源保护力度不够，特别是与辽蟹、瓯蟹的混杂，这些蟹外逃下海产卵，与长江蟹杂交，使长江口河蟹的优良种质遭到严重破坏。

三是河蟹安全养殖技术亟待提高。

四是目前渔药市场形成恶性循环，养殖户要求药价低、制造商降含量消毒剂、杀虫剂、微生物剂等许多产品含量不足。

五是病害防治上，有些亏损养殖户，经济条件限制，防病意识差，有病乱投医。

六是蟹营养搭配不均衡，只注重饲料的蛋白质含量，忽视了微量元素的添加，河蟹由于过肥，造成体质下降，对病原的易感性增加。

七是水草覆盖率过大、过密，造成水质恶化，水流动性减小。

八是气候的影响，由于持续高温干旱天气，直接影响了水体的水质，河蟹管理难度加大。

九是产业组织化程度不高，河蟹市场价格升降不明，销售暂养无法掌握。

五、河蟹养殖面临的新趋势和应对措施

随着养殖面积的逐步扩大，养殖密度的加大，河蟹价格的回归理性，养殖河蟹的暴利时代基本结束。河蟹养殖面临激烈竞争，养殖户必须从以下几方面考虑：

一是养殖观念要转变。饲料使用率越来越高，养殖户对饲料品质要求会更高，更加考虑饲料的性价比（饲料品质要提高）。

二是养殖技术要提高。养殖密度加大，提高产量和规格，更需要尽量降低养殖成本，提高养殖效益（技术服务要加强）。

三是同等价格比规格，同等规格比质量，养殖户追求河蟹的品质会越来越高（养殖品质提高）。

从最近3年的塘口实际效益分析，河蟹（大闸蟹）成功养殖的塘口效益远高于淡水鱼常规鱼类养殖，也高于众多的名优特种水产品，高效益推动了更多的水产养殖户转向河蟹养殖，同时河蟹养殖适应的区域和养殖模式探索成功，养殖成蟹主要消费群体为国内中高端消费群体及东南亚华人群体，消费的拉动会随着国内经济的发展呈正向增长，相对于虾受国际大环境影响不大。

河蟹是典型的鲜活农产品销售，产地和消费市场端连接的冷链物流要求较高，随着全熟化河蟹料配方技术和工艺技术的成熟，河蟹养殖技术的不断提高，集中区域的河蟹在上市集中区会出现短时间的物流瓶颈，从而反向引导了终端的河蟹销价，挤压了养殖端的效益，需要在冷链物流和成蟹营销上的快速发展跟进，让河蟹相对可以长距离长时间耐运输的特点发挥作用，扩大销售辐射群体，从中、高端消费市场逐步走向千家万户的百姓餐桌，形成大众化的消费特征，产销市场都会有很大的增长空前，河蟹产业链价值将会得到更大的提升，走出独立的细分行情。

六、河蟹价格行情分析

2011 年河蟹市场行情经历了前高、中低、后滞销的"过山车"似的波动，严重挫伤了广大养殖户养蟹的积极性，导致广大养殖户普遍看低 2012 年河蟹市场行情，认为今年河蟹市场依然是大规格不好卖，养殖户普遍加大河蟹养殖密度，苏南地区增加到 2000～3000 只 / 亩，目标产量为 125～200 千克 / 亩，目标规格为 100 克左右的中蟹。苏北兴化地区也普遍增加到 800～1000 只 / 亩，目标规格是 100～150 克的中蟹，产量 75～100 千克 / 亩。

2013 年 10 月底，200 克雄蟹的价格约为 130 元 / 千克，150 克雌蟹的价格约为 240 元 / 千克；175 克雄蟹的价格约为 85 元 / 千克，125 克雌蟹的价格约为 120 元 / 千克；125 克雄蟹的价格约为 45 元 / 千克，90 克雌蟹的价格约为 55 元 / 千克。与 2012 年 10 月底相比，大规格河蟹的价格基本持平，中、小规格河蟹的价格约上涨了 20%。

初步分析，2013 年 10 月江苏省河蟹市场价格变化主要原因有两点。一是受今年夏天异常高温天气影响，河蟹产量减少。从调研了解和兴化河蟹批发市场交易的情况来看，今年河蟹总体产量比往年减少。根据兴化永丰和安丰河蟹批发市场交易的抽样调查数据，10 月初户均交易量近 8 000 千克，月底时户均交易量不足 4 000 千克，下降了近 50%。其中，大规格河蟹交易量减少了约 20%，中规格河蟹交易量减少了约 50%，小规格河蟹交易量减少了约 60%。二是集团消费需求减少的影响不大，河蟹的集团消费需求明显减少，但是由于该部分河蟹的市场售价高，交易量相对不大，虽然需求有所减少，但是对河蟹市场价格影响不大，加上今年大规格河蟹减产，导致大规格河蟹后期价格不断回升。

任何养殖产业的行情都具有一定的波动性，它符合市场经济的变化规律，如近年来猪肉市场出现的价格波动，根本原因是我们的广大养殖户普遍是根据上一年的养殖行情来判断当年的市场行情，盲目跟风。2011年河蟹行情低迷特别是大规格河蟹出现滞销，所以2012年广大养殖户认为2012年大规格河蟹也同样低迷，导致部分养殖户加大养殖密度，追求养殖中小规格。冷静分析市场，反向思维，无论何种模式养殖，都要讲究科学的养殖方法，把河蟹的品质提高上去才是根本。以前河蟹价格看规格，今后河蟹价格更加取决于其品质的高低。我们养殖户只有先把河蟹规格品质养好，然后根据市场行情变化抓住机会适时出售，不是等到行情好了我们才去想把河蟹养好。

第二章
河蟹生物学特性

　　熟悉河蟹的分类地位，掌握常见4种绒螯蟹的区别；掌握河蟹的形态结构；掌握河蟹的生态习性；掌握河蟹各生长发育阶段的特征；掌握河蟹脱壳与变态发育规律。

一、河蟹的分类地位

　　河蟹，俗称螃蟹、毛蟹、大闸蟹，学名中华绒螯蟹，拉丁文名 *Eriocheir Sinensis*；英文名 Chinese mitten crab。在北京和天津，人们称其为胜芳蟹，因为京津地区的河蟹大都产于文安洼的胜芳；在上海地区，人们习惯称之为阳澄湖清水蟹，表明它与长江的浑水蟹不同；苏州地区习惯称它为阳澄湖大闸蟹，因为河蟹每年秋季在大闸附近被捕获；港澳地区则统称它为江南大闸蟹。河蟹这个称谓现已成为它的通称了，实际上也是因为它主要产于江河而得名。毛蟹也是它的名称之一，这个称谓是因为河蟹双螯布满密毛而来，比如扬州高邮地区。螃蟹是古代就有的名称，"螃"，可能是因为行动时往旁边走的意思，古代文献分类时，将蟹划入水虫，故旁字加虫边；据宋代傅肱著《蟹谱》载："蟹，水虫也，故字从虫"，可能是食蟹的时候将甲掀开的动作说成是"解开"而得名。古诗中多称螃蟹为"横行将军"。

　　河蟹在分类上属于节肢动物门（Arthropoda）、甲壳纲（Crustacea）、软甲亚纲（Malacostraca）、十足目（Decapoda）、爬行亚目（Reptantia）、方蟹科（Grapsidae）、绒螯蟹属（*Eriocheir*）。全世界食用蟹约6 000种，我国约有800多种。其中绒螯蟹属有4种，即直额绒螯蟹、狭额绒螯蟹、中华绒螯蟹、日本绒螯蟹。其中前两者有经济价值；后两者个体小，无经济价值。4种绒螯蟹的区别见表2-1。形态图见图2-1至图2-4。

表2-1　4种绒螯蟹的形态区别

性状	中华绒螯蟹	日本绒螯蟹	狭额绒螯蟹	直额绒螯蟹
额部	额部边缘有4个明显的齿，前侧缘上也各有4个侧齿	头胸甲前半部较后半部窄，4个额齿居中2个钝圆，前侧缘侧齿较小，第四侧齿发育不全，不明显，额缘呈波纹状	额部较窄额齿不明显侧齿3个	额缘近于平直，额齿不明显，前侧缘直，具4侧齿
螯足	掌节上都生绒毛，雄性较雌稠密	掌节内外生绒毛，步足前计较河蟹宽，指节基部内外生绒毛	掌节的内面有毛，外面光滑无绒毛	短小，掌节仅外面有绒毛，内表无绒毛
背腹	背部隆起，腹部银白色	体较扁平，肝区表面下凹	背枯黄、腹部多锈色	体表平滑，肝区低平

图2-1　中华绒螯蟹

图2-2　日本绒螯蟹

图2-3　狭额绒螯蟹

图2-4　直额绒螯蟹

从上面图表可以看出，4种绒螯蟹虽有许多区别，但鉴别的一个重要依据是绒毛着生部位不同。中华绒螯蟹和日本绒螯蟹螯足掌节及指节基部内外表面均生绒毛；直额绒螯蟹螯足短小，仅外面有绒毛，内表面无毛；狭额绒螯蟹螯足掌部仅内表面有绒毛，外表面光滑无毛。其次，额齿也是区分它们的主要标志。中华绒螯蟹有4个额齿，且尖锐，中间齿沟最深；日本绒螯蟹的4个额齿中，中间两个齿较钝圆，两边的两个齿尖锐，最中间的一个齿沟不及中华绒螯蟹深；直额绒螯蟹和狭额绒螯蟹的额齿均不明显。

二、中华绒螯蟹的形态结构

（一）外部结构

河蟹身躯扁平宽阔、近方形，由头胸部和腹部两部分组成。背面一般呈墨绿色，腹部白色。5对胸足生长于头胸部的两侧，左右对称。

1. 头胸部 河蟹的头胸部连接在一起，构成河蟹的主体部分，上下由两块硬甲包住，上面的叫胸甲，俗称蟹斗（图2-5，图2-6）。下面的叫腹甲，俗称蟹肚。头胸甲前缘平直，有4个

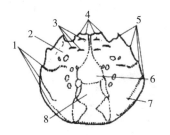

图2-5 河蟹头胸甲背面图
1. 龙骨突 2. 肝区 3. 疣状突
4. 额齿 5. 侧齿 6. 胃区
7. 鳃区 8. 心区

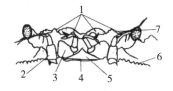

图2-6 头胸甲的前视图
1. 疣状突 2. 第二触角 3. 第一触角
4. 口盖线 5. 口前部 6. 眼眶下线
7. 复眼

额齿，额齿的凹陷以中间 1 个最深。左右各有 4 个侧齿，其中第一侧齿最大。表面起伏不平，头胸甲中央隆起，形成 6 个与内脏相对应的区域：心区、肝区、鳃区、胃区。

河蟹额部有 1 对有柄的复眼，着生于眼眶之中，复眼内侧额下有 2 对触角，里面的 1 对较短小，称第一触角，又叫小触角，外面的 1 对称第二触角，又叫大触角（图 2-7）。

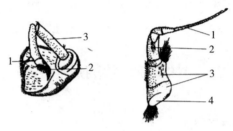

图 2-7　河蟹触角

左：1. 内肢　2. 外肢　3. 原肢

右：1. 节鞭　2. 内肢　3. 原肢　4. 盖片

河蟹头胸部的腹面为腹甲，即腹板。成蟹腹甲四周绒毛较多，中间凹下的称腹甲沟，生殖孔开口于腹甲上。开口的位置因雌雄而异。雌的 1 对生殖孔开口在愈合后的第三节上，雄的 1 对生殖孔开口在最末节处（图 2-8）。

河蟹的口器位于腹甲前端正中央，由 1 对大颚、2 对小颚和 3 对颚足从里向外重叠组成，形似六道屏门。

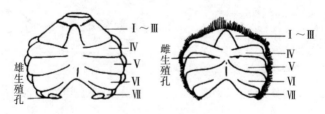

图 2-8　胸部腹甲

左图雄性　右图雌性

2. 腹部　河蟹腹部分 7 节，腹部的形状随着河蟹的生长发育而发生变化，幼蟹阶段雌雄均为狭长形，随着生长发育，雌蟹渐圆，俗称团脐，雄蟹则为狭长三角形，俗称尖脐。这就是雌雄蟹的外在主要区别。打开腹部可见中线上有一条突起的肠子以及因性别而异的附肢，即腹肢。雌的有 4 对双肢型腹肢，在第 2～5 节腹节上。内肢上生有细长而规则的刚毛，是抱卵蟹黏附卵粒之处；外肢的刚毛短而粗。起保护腹部卵的作用。雄的腹肢已转化为两对交接器，第 1～2 腹节上。其第一对交接器已骨质化，形成细管，顶端生有粗短的刚毛，开口在向外弯曲的片状突起处，基部开口畅大，分为两部分，一部分与阴茎相连，上面着生有毛的瓣膜，另一部分则为第二对交接器伸入之处。第二对交接器是实心棒状物，有细毛，基部膨大，交配时可上下移动。

3. 胸足　河蟹胸部两侧有 5 对胸足，共中第 1 对为螯足，后 4 对为步足，是河蟹运动的主要器官。螯足强大，呈钳状，掌部密生绒毛，雄的螯足较大，绒毛多。第二与第五对步足结构相似，第三和第四对步足较扁平，前、后缘均长有刚毛，供游泳之用。螯足主要用来捕杀和钳碎食物，步足主要功能是爬行。

（二）内部结构

1. 消化系统　河蟹的消化系统包括口、食管、胃、中肠、后肠和肛门。口由上唇和左右两片下唇组成；食管短立；胃呈三角囊状，坚硬，起磨碎食物的作用。胃壁上常有白色钙质小粒，脱壳时，这种小粒被吸到外壳中去，使其变硬；中肠短，背面是盲管，是消化吸收营养的主要部位。消化腺为肝脏，分左右两叶，呈橘红色，由许多细枝状的盲管组成，体大，主要起消化吸收食物的作用；后肠较长，开口在腹部的末节，其后端为肛门。

2. 循环系统　河蟹血液呈无色，循环系统由心脏、血管和血窦组成，属开管式循环系统。心脏位于头胸甲的中央，背甲之下。血液由心脏经动脉流出，进入细胞间隙中，然后汇集到心血窦，经过鳃血管进入鳃内进行气体交换。再由鳃静脉汇入心腔，经心孔回到心脏。

3. 呼吸系统　河蟹的呼吸器官是鳃，俗称蟹胰子，位于头脑部两侧的鳃腔内，通过进水孔、出水孔与外界相通，鳃有6对，按其着生部位分侧鳃、关节鳃、足鳃和肢鳃4种，每一鳃片由鳃轴和两侧分生的鳃叶组成。血液从鳃中的血管流过，水中的氧气和血液中的二氧化碳通过气体交换，完成呼吸作用。由于新鲜的水不断从入水孔进入鳃腔，不停地流入、流出，使氧气供应有了保障。

4. 生殖系统　雄性生殖器官由精巢和输精管组成，俗称膏。精巢呈白色，分左右两叶。每一叶均与输精管相连接，输精管前端盘曲而细，后端粗大，肌肉发达部分为射精管。输精管在三角膜下内侧与副件腺汇合。汇合后的一段较细，经肌肉开口于腹甲最末节。开口处皮膜突起处是阴茎。副性腺是许多分支盲管。精液呈乳白色。雌性生殖器官由卵巢和输卵管组成。性成熟的河蟹，卵巢发达，充满体内，并延伸到腹部前端呈咖啡色。卵巢末端有一受精囊。生殖孔稍突起，交配时，雄蟹将交接器向生殖孔输精。受精时，一个真正起受精作用的精子穿入卵质膜以后，皮层颗粒破裂，并迅速有序地向四周蔓延，波及全卵的所有皮层颗粒。全部皮层颗粒因破裂而排出的内含物大部分和卵膜内层组合成坚厚的受精集。排出的内含物还引起卵子渗透压骤升，促使外界水分透入，卵膜外、中层与受精膜分离。

5. 排泄系统　河蟹的排泄器官为触角腺，又称绿腺，是一对圆形的囊状物，在胃的上方，开口于第二触角基部。由海绵组织的腺体和囊状的膀胱组成。

三、环境因子

河蟹的生长受水域中的温度、盐度、酸碱度、光照、氧气、氨氮、营养盐、水生动植物等环境因子影响。这些因子能满足河蟹的要求，它就能较顺利地生长发育，否则就不能正常生长发育，甚至滞长、死亡。

（一）温　度

河蟹是变温动物，没有调节体温的能力。河蟹体温随着水温变化而变化，体温略高于环境温度。水温会直接影响河蟹的生长和变态。在适温范围内，温度高时，河蟹摄食旺盛，生长和变态速度快。如，水温在 22℃～28℃时河蟹采食量大，生长快；水温低于 5℃时，河蟹停止采食；水温高于 32℃，河蟹采食量大幅度降低，易死亡。河蟹能耐受低温，水温在 -1℃～-2℃时，抱卵蟹能顺利过冬，蟹卵和亲蟹均不会死亡。冬天，河蟹停止摄食，隐藏在洞穴中越冬。

河蟹交配、产卵和幼体变态，对温度均有一定的要求。如亲蟹越冬需 6.5℃以下，亲蟹交配需 8℃～15℃；抱卵蟹饲养阶段，水温应控制在 11℃～16℃；幼体变态则需 19℃～25℃。因此，河蟹在人工育苗过程中，控温措施保证同步变态，并能提高育苗成活率。

水温对河蟹摄食、脱壳、生长有一定的影响。水温在 5℃以上时开始摄食，15℃左右时脱壳生长，20℃～28℃时生长旺盛，生长最佳水温为 15℃～25℃。如果超过 28℃时，河蟹的摄食就会受到抑制。一般河蟹怕热不怕冷，在严寒的北欧也有群体分布。

水温突变对河蟹生长变态和繁殖都有不利影响，特别是幼体阶段，常常因温差太大而大批死亡。因此，育苗阶段必须控制水的温差，一般日温差不能超过 1℃。早期在南方工厂化育苗，室内水温要比室外高 7℃～10℃，北方相差更大，如果把蟹苗移到室外，就会死亡。因此，饲养管理过程中要注意水的温差变化，并且采取调控措施。

（二）盐　度

河蟹生长发育的不同阶段对盐度（水中含盐量0.1%为1度）的要求有所不同。河蟹从大眼幼体开始就喜欢淡水，并迁移至淡水生活。淡水盐度越低越好。秋季，河蟹性成熟时，则又回到河口半咸水处交配、产卵和孵化，直至溞状幼体变态为大眼幼体。河蟹每个发育阶段对盐度的要求也是有差别的，如盐度1.7时，只能交配不能产卵。产卵和育苗盐度要在7～33，低于6时，怀卵率和怀卵量下降。育苗适宜的盐度为15～26，最适盐度20～25。低度海水育苗，Z_1不得低于7，Z_2不应低于5。盐度突变会导致幼体死亡，要求变化幅度不得过大，Z_1～Z_2日变幅1以下；Z_4～Z_5为2～3，1～2日龄大眼幼体日变幅5以下。高盐度育出的蟹苗放入淡水前均要逐渐淡化，否则就会造成大量死亡。近海盐度高的水域，河蟹生长缓慢，二龄蟹接近成熟时的个体重50～80克，最大的100多克。一龄早熟蟹多为2～16克。

（三）酸　碱　度

水中的pH值取决于游离二氧化碳的含量。二氧化碳含量多，pH值呈酸性，酸性环境中河蟹耐低氧能力弱且影响河蟹甲壳钙质沉淀；对幼体变态期甲壳的形成和脱壳影响较大，以至影响生长；光合作用过强，如水草过多，导致pH值过高，会导致河蟹鳃受损。从而影响携氧能力。

pH值一般要求在7～8，即中性或微碱性，幼体变态时，pH值可稍高，为7.8～8.6。

大水面养殖河蟹时，pH值一般都符合要求，但在池塘等水域高密度养殖的条件下，由于喂料多，水质肥，加之夜间水呼吸，同时放出二氧化碳，使水变酸而影响河蟹生长。因此，经常换水，增加水中溶氧量，保持水新鲜才能使河蟹正常生长。如果水质呈酸性，可施加适量生石灰调节pH值至微碱性。

（四）光　照

河蟹畏强光喜弱光，昼伏夜出，白天隐藏在池底、洞穴、石隙和草丛中，夜间出来觅食。利用这一习性，夜间可用灯光诱捕河蟹。

亲蟹交配时对光照要求不高，夜间也可进行交配。胚胎早期发育基本处于黑暗状态，后期则需适当的光照。发育至幼体变态阶段，就需要一定的光照强度，一般在 2 000～6 000 勒，随着幼体日龄的增加，光照强度也要相应增加。

水域应栽种适量的水生植物。水体中氧气大部分来自水生植物光合作用，而且河蟹需要一定的光照，才能促进钙质的吸收，促进甲壳的生长，所以应注意养蟹水域光照强度的调节。

（五）氧　气

河蟹通过鳃将水中的氧和血液中的二氧化碳进行气体交换，完成呼吸。水中的溶氧量一般为 7 毫克／升，比大气中含量约低 30 倍。水中的溶解氧 89% 来自浮游植物的光合作用，7% 来自空气，4% 来自其他方面。水中的溶解氧在 5 毫克／升左右，适合河蟹生长。一般江河、湖泊等大水域水体里，溶解氧十分充足，不会有缺氧情况发生。只有在池塘等小水体的条件下，如果养殖河蟹密度大且管理不当，就会导致缺氧。当水中溶解氧低于 3 毫克／升时河蟹就浮头上岸或上草，不摄食；低于 2 毫克／升时，对河蟹的脱壳生长、变态会起抑制作用。保持水中有充足的溶解氧，对人工养蟹是十分重要的。因此，必须经常测定水中溶解氧的变化，及时采取有效措施，避免缺氧。

河蟹鳃丝是海绵状的，鳃腔具有贮水功能，空气能在鳃内与水混合，离水后仍能继续呼吸，维持生命。如果鳃片水分耗尽，呼吸就无法进行，就会死亡。所以，河蟹在运输过程中要经常洒水，保持鳃片湿润，才能保持河蟹正常的呼吸。

（六）氨　氮

水中的氨氮超过一定含量时，就会影响河蟹的变态和生长，其对河蟹不同阶段影响的程度是不同的。研究表明，氯化铵对 I、IV、V 期溞状幼体和大眼幼体的安全浓度分别为 1.47 毫克／升、3.4 毫克／升、4.46 毫克／升和 11.87 毫克／升，氯化铵过高对河蟹是有害的。因此，肥水培养单细胞藻类时，不能直接用氨水，而应用氮肥。夏天养蟹的饵料应以投能吸收氨氮的水生植物为主，动物性饵料为辅，防止因残饵分解而产生过多氨氮，同时定期泼洒生物制剂降低氨氮。

（七）钙 和 磷

与其他动物相比，钙、磷含量对甲壳动物生长发育具有重要意义，在有机体中所占比重也最大。据有关资料显示，河蟹 100 克可食部分，钙含量分别为 680 毫克（江苏）、295 毫克（福建）、140 毫克（北京），而青、草、鲢、鳙四大家鱼 100 克可食部分中含钙量一般为 20～40 毫克，有的地方所产家鱼含钙量高的也只有 100 多毫克。与鱼类相比，河蟹含钙量要高得多，特别是蟹壳的含钙量很高。

四、河蟹的生态习性

（一）栖　居

河蟹通常栖居江河湖泊岸边和水草丛生的地方。在水质良好、水位稳定、水面开阔的水域里，一般是不打洞的。在水位不稳定的水域里打洞穴居。穴居常位于高低潮水位之间，其洞呈管状，与地平线呈 10° 左右的倾斜，洞的深处有少量积水，洞底不与外界相通。穴道长 20～80 厘米。大蟹一般一蟹一穴，有时在连通的蟹道里也有居几只蟹的。仔蟹和扣蟹一穴几只或数只。河蟹通常昼伏夜出，白天隐蔽，夜晚出来觅食。

（二）食　性

河蟹为杂食性动物，偏动物性饲料。动物性饵料有鱼、虾、蚌肉、畜禽下脚料等；植物性饵料有浮萍、马来眼子菜、苦草等水草以及豆饼、花生饼、小麦、玉米等商品饵料。河蟹通常好食动物性饵料。河蟹贪食，在 7、8、9 三个月的快速生长季节，一只成蟹一次能摄食多只螺蛳。临近性成熟时不仅夜间出来觅食，有时白天也出来觅食。除自身消耗外，其余的营养物质都储存在肝脏内形成蟹黄。河蟹能耐饥，健壮的蟹 10 天或更长的时间不摄食也能存活。

（三）争食与好斗

争食和好斗是河蟹的天性，经常为争夺食物而相互格斗。在密度大、饵料少时还会相互残杀。在河蟹交配产卵季节，多只雄蟹常为争夺一只雌蟹而凶猛格斗。在食物十分缺乏时，久饥的抱卵蟹常取自身腹部的卵来充饥。根据这种习性，人工养殖河蟹应多点均匀投喂饵料，确保吃饱吃好，使其均衡生长。

（四）自切与再生

当河蟹受到敌害攻击或机械损伤时，常在附肢的基节与座节之间的关节处切断，这种现象称之为"自切"。自切是河蟹保护自己、逃避敌害的有效方法，是长期进化的结果。河蟹自切以后还可再生新足，新足虽比原足细小一些，但仍具有原足的功能。再生功能只发生在生殖脱壳前。

（五）感觉与活动

河蟹对外界环境反应灵敏。

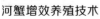

河蟹的视觉敏锐，主要靠它的一对复眼。一遇危险，立刻隐蔽或逃跑。在夜间微弱的光线下也能寻找食物和逃避敌害。

河蟹的嗅觉和触角很灵敏，其第一触角上的感觉毛具化学感受功能。河蟹身体上的刚毛具有触觉功能，腹部触觉最为灵敏。

河蟹的平衡器官为一平衡囊，位于第一对触角的基节里面，开口已闭塞。囊内有一群感觉毛，还有一些石灰质颗粒，当河蟹失去平衡时，这些颗粒会碰到感觉毛，感觉毛把得来的刺激通过感觉神经末梢传递到脑神经节。由脑神经节控制相关肌肉调整身体的平衡。

河蟹善于爬行，同时还具有一定的游泳本领。爬行偶尔启用螯足，但以步足为主。河蟹步足伸展于身体两侧，由于各对步足长短不一，关节向下弯，因而适于横行。爬行时，各步足活动先后次序很有规律，非常协调，爬行十分迅速。河蟹的第四对步足扁平，适于划水，从而使河蟹能够借助游泳增大活动空间。

河蟹具有趋光、趋水流和攀越障碍的习性，所以人们可以张灯拦捕河蟹，池塘养蟹利用其趋弱流顺强流习性，通过注、排水在出、入水口处集中出蟹。另外，河蟹性成熟后在秋末冬初有降河生殖洄游的需求，此时爬动很多，是捕捞河蟹的最佳季节。

（六）逃跑与环境

河蟹除生殖洄游时逃跑外，生态环境恶化也会引起逃跑，如幼蟹刚放进水池时逃跑多；蟹塘淤泥多，溶氧量少逃跑多；暴风雨时河蟹大逃跑；水草少、饵料量少质差逃跑多；敌害多逃跑多，等等。因此，需要根据这些逃跑规律采取相应的防逃措施。

五、河蟹各生长发育阶段的特征

（一）河蟹生长发育阶段的划分

从生产上来说，河蟹一般分苗蟹、种蟹、成蟹 3 个阶段；从生活周期来说，一般分溞状幼体、大眼幼体、仔蟹、扣蟹、黄蟹、绿蟹、抱卵蟹 7 个阶段；从发育来说，一般分生殖洄游、性腺发育、交配产卵、胚胎发育、幼体发育、成体发育 6 个阶段（图2-9）。这里主要介绍河蟹生长发育和各个阶段的特点（表2-2）。

表2-2　河蟹生长发育和各个阶段的特点

发育阶段 \ 特征比较	形　态	生活方式	生活水域	时　间
胚　胎	卵	母　体	半咸水	3～4 个月
溞状幼体	水溞状	浮游生活	河口半咸水	15～25 天
大眼幼体	眼睛显著、附肢发达	自由生活	河口→淡水	6～10 天
幼　蟹	无副性特征	爬行，穴居	江、湖、水库等	15～1 个月
成　蟹	有副性特征	爬行，穴居	湖泊→河口	8 个月

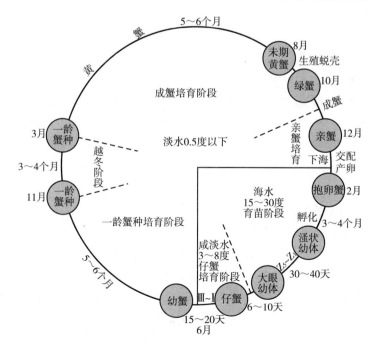

图 2-9　河蟹的生活史

（二）生殖洄游

大海是河蟹的第一故乡。随着河蟹适应外界环境能力的增强，便逐渐能在内陆淡水中生长、育肥、成熟，所以淡水为河蟹的第二故乡。每年 9 月下旬之后，河蟹最后 1 次脱壳后，个体增大，雌蟹腹脐覆盖整个腹面，边缘密生绒毛，雄蟹步足明显强健，刚毛较脱壳前粗壮，螯足绒毛密生，这表明河蟹已经成熟，并开始进行生殖洄游。河蟹沿江河而下，直至淡咸水交汇处才停留。洄游的高峰期在霜降前后，末期是 11 月底，参加洄游的亲蟹个体重量，一般都在 100～300 克，有的还达到 400 克以上。进入咸水区有两种情况：一种是离海较远的 2 年性成熟的绿蟹洄游而来；另一种是近海 1 年性成熟的早熟蟹洄游而来。这两种蟹都可繁殖后代，繁殖后代后，生命即终止。多数河蟹寿命为 2～3 年，少数为 1 年。

（三）性腺发育

1. 黄蟹和绿蟹的概念及外形差异

（1）概念 "黄蟹"是指中华绒螯蟹尚未生殖脱壳的个体体色偏黄，性腺尚未发育成熟，外表的副性征尚未形成，时间一般在 6～8 月份。在此期间个体生长较快，体色呈淡黄色或黄褐色。

"绿蟹"是完成了生殖脱壳的个体，体色呈绿色式墨绿色，一般在 9～11 月份。

（2）外形差别

①雄性个体的外形差异

螯足：黄蟹螯足的掌节部没有绒毛或外有内无或内外有上下无或有疏而短的绒毛；绿蟹则非常明显具有密而长的绒毛。这是雄性黄、绿蟹的主要区别。螯足趾节部突起：黄蟹螯足趾节部的突起细而小；绿蟹螯足趾节部的突起呈小白状。

体色：黄蟹蟹壳一般呈浅黄色或黄褐色；绿蟹则呈墨绿色。

步足：黄蟹步足的刚毛短而细；绿蟹步足的刚毛粗而长。

②雌性个体的外形差异

腹脐：绿蟹的腹脐覆盖整个腹部，其边缘紧接步足基节，外形近于圆形且四周边缘具有长的绒毛，黄蟹腹脐还没有长全，其边缘尚未达到步足基节，腹甲没有被腹脐尾部覆盖，且四周边缘的绒毛短。这是雌性黄、绿蟹的主要区别。成熟雌、雄蟹的区别主要在腹脐（图2-10）。

图2-10　雌蟹（左）和雄蟹（右）

体色：黄蟹蟹壳一般呈浅黄色；绿蟹蟹壳呈墨绿色。

2. 性腺发育　河蟹雌蟹的性腺发育过程大致分6期。

（1）**第Ⅰ期**　乳白色，小，肉眼很难辨雌雄。

（2）**第Ⅱ期**　卵巢呈粉红色或乳白色，膨大，比第一期增重1倍多，肉眼已能分辨雌、雄性腺。

（3）**第Ⅲ期**　卵巢呈紫色或淡黑色，体积增大，肉眼可见细小卵粒。

（4）**第Ⅳ期**　卵巢呈紫褐色或赤豆沙色，接近或超过肝重，卵粒明显可见。

（5）**第Ⅴ期**　卵巢呈赤豆沙色或酱紫色，体积增大，充满于头胸甲下。卵巢柔软，卵粒大小均匀，游离松散。

（6）**第Ⅵ期**　卵巢因过熟而退化，出现黄色或橘黄色退化卵粒过熟卵可占卵巢的1/4～2/5。

雄蟹的性腺发育也分为 5 期：精原细胞期（5～6 月份），精母细胞期（7～8 月份），精细胞期（8～10 月份），精子期（10月份至翌年 4 月份），休止期（4～5 月份）。由于精巢在整个发育过程中只有体积在增大，颜色未变化，故较难从外形特征来区分。绿蟹的精巢呈乳白色，外形似 H 形。取少量精巢块进行显微镜观察，可见颗粒状的精细胞，略呈图钉状。

（四）交配产卵

每年 10 月底至翌年 3 月份，是河蟹交配产卵的旺期。水的温度和盐度是河蟹产卵的必要条件。当水温在 8℃以上，盐度在 7～33 时，雌、雄蟹就会发情，河蟹交配时间有长有短，长时可达 1 天以上，短时则数分钟即可完成，交配后的雌蟹，在水温9℃～12℃时，经 7～16 小时即可产卵。在水温 18℃下，中华绒螯蟹受精的全程约 25 小时。

水温、水质、亲蟹密度等条件也影响雌蟹的产卵，在低温（5℃以下）、水质恶化、密度过大等不利环境条件下，雌蟹虽然产卵，但卵不能正常黏附于刚毛上，全部或大部散落于水中，造成"流产"现象。

雌蟹产卵量与体重有关，体重 100～200 克，一般产卵 40万～90 万粒；50 克以下，产 15 万～20 万粒，产卵量越大，腹部张开的程度就越大。这种腹部携卵的雌蟹，被称为抱卵蟹。

河蟹有多次抱卵现象，即第一次抱卵孵出幼体后。不经交配连续二次、三次产卵抱卵。产卵量第一次最多，以后逐次减少。

（五）幼体发育

河蟹幼体发育过程是需要经过几次显著的变态。每次蜕皮之后，幼体形态上都会发生变化，因此蜕皮是河蟹发育变态的一个标志。整个幼体期分为溞状幼体、大眼幼体和幼蟹期 3 个阶段。溞状幼体分 5 期，经 5 次蜕皮变态为大眼幼体（即蟹苗，俗称白仔）；大眼幼体经一次蜕皮变成幼蟹；幼蟹再经许多次脱壳才渐长成成体。

1. 溞状幼体 刚孵出的幼体，外形略似水溞，故称溞状幼体、溞状幼体分头胸部和腹部两部分。

溞状幼体共蜕皮5次，各期形态上的主要区别为第一、第二颚足外肢末端的羽状刚毛数和尾叉内侧的刚毛对数以及胸足与附肢的雏芽出现与否。幼体具有趋光性和溯水性。早期的溞状幼体多成群聚集浮游于水体表层和水池边角；后期阶段，则多下沉水体底层活动，往往以一种倒悬的姿态，幼体食性较杂，植物性的单细胞藻类、动物性的饵料如轮虫、担轮幼虫、沙蚕幼体等均能捕食，蛋黄、豆浆、豆腐等颗粒碎屑亦能吞食。

2. 大眼幼体 第Ⅴ期溞状幼体蜕皮即变态为大眼幼体（苗种）。大眼幼体因一对复眼着生于长长的眼柄末端，露出在眼窝外面而得名。幼体体型扁平，额缘内凹、额刺、背刺和两侧刺均已消失。胸足5对，第一对为发达的螯足，第二至第五对为4对步足。腹部狭长，共7节，尾叉消失。腹肢5对，第一至第四对为强大的桨状游泳肢，第五对较小，贴在尾节下面，称尾肢。

大眼幼体具有强的趋光性和溯水性，已能适应在淡水中生活。幼体能爬善游。游泳时，步足屈起，腹部伸直，4对游泳肢迅速划动，尾肢刚毛快速颤动，行动十分敏捷。爬行时，腹部往往在头胸部下面，用胸足攀爬和行走。大眼幼体也是杂食性的，性凶猛，能捕食比它自身大的浮游动物，在游泳的行进中和静止时，都能用大螯捕捉食物。

3. 幼蟹 大眼幼体一次蜕皮变为第Ⅰ期幼蟹。幼蟹呈椭圆形，额缘呈两个半圆形突起，腹部折贴在头胸部下面，俗称蟹脐。腹肢在雌雄个体已有分化，雌性共4对，雄性特化为2对交接器。5对胸足已具备成蟹时的形态。幼蟹用步足爬行和游泳，开始掘洞穴居。

幼蟹各阶段主要特征如表2-4。

表2-4　各期溞状幼体主要特征

阶　段	全长（毫米）	第一、二足刚毛数	尾叉刚毛数	附肢雏芽	复眼性状
Z_1	1.5	3	3	无	无柄
Z_2	1.8	3	3	无	无柄
Z_3	2.4	4	4	乳状突起	复眼开始突出呈水泡状
Z_4	2.9	4	4	芽状突起	复眼增大具柄
Z_5	4.1	5	5	棒状突起	复眼眼柄伸长能自由转动

幼蟹生长与水温、饵料等环境因素有关。条件适宜，饵料丰富，生长就快，脱壳频度就高；反之，则慢。幼蟹杂食性，主要以水生植物及其碎屑为食，也能摄食水生动物腐烂尸体和依靠螯足捕捉多种小型水生动物，如无节幼体、枝角类等，但水生维管束植物所占比重最大。

六、河蟹脱壳与变态发育

河蟹的一生要经过多次（18次）蜕皮和脱壳，其形态变化、生殖器官发育和断肢再生等，都要通过蜕皮和脱壳来完成。

（一）脱壳次数

河蟹脱壳是脱去坚硬的外壳，使体积和重量得以增加。脱壳既是身体外部形态的变化，也是内部错综复杂的生理活动，既是一次节律性生长，又是一场生理上的大变动。究竟河蟹一生脱壳多少次，目前尚无统一说法，有人认为17次，也有人认为19次，还有人说是28～32次，一般认为18次。究竟多少次，目前有两点已经统一：一是河蟹溞状幼体经过5期蜕皮蜕变为大眼幼

体，大眼幼体需经 1 次蜕皮蜕变为 I 期幼蟹的观点；二是河蟹在
性腺发育到一定程度进入生殖前的生殖脱壳，即一生中最后 1 次
脱壳。从 I 期幼蟹到蟹种，蟹种到成蟹，在整个生长期内脱壳的
次数说法不一。要准确地确定脱壳次数，还要从品种、营养、环
境等因素进一步研究（表 2-5）。

表 2-5　脱壳前后体型及体重变化

日　期	性　别	体长（毫米）		体宽（毫米）		体重（克）		增　重（%）
		前	后	前	后	前	后	
6.29	雌	14.0	18.0	16.5	20.0	2.0	3.0	50.00%
7.27	雌	24.0	27.5	27.0	32.0	14.0	18.5	32.14%
7.30	雄	24.0	28.0	28.0	33.5	14.5	19.0	31.03%
8.10	雌	41.0	45.0	44.0	49.5	36.5	47.5	30.14%
8.12	雌	51.0	58.0	55.0	62.5	78.5	105.0	33.76%
8.12	雄	26.0	30.5	30.0	33.5	11.0	15.0	36.36%
8.21	雄	28.0	33.0	30.0	35.0	13.5	20.0	48.15%
8.23	雄	31.0	38.0	33.0	40.0	20.5	27.8	35.61%
9.60	雄	37.0	42.0	41.0	45.0	35.3	46.3	31.16%
9.90	雄	44.5	52.5	48.5	58.5	51.7	69.3	34.04%

（二）脱壳与生长

河蟹每脱壳一次体积和体重就得到增加，即脱壳与生长有着
密切关系。佩特尔施研究认为，河蟹脱壳 1 次，头胸甲长可增加
1/6～1/4，幼小的个体甚至可增加 1/2，但活力差的或缺乏营养的个
体生长就慢，脱壳后只增加 5%～10%。头胸甲增长，体重必然随
之增加。河蟹平均体重与体长的关系为：平均体重（克）＝0.6×
头胸甲长（厘米）。许步邵（1987）研究表明，一只体重 16 克和一
只体重 35 克的蟹种，脱壳后分别增加到 21 克和 48 克，分别增加

30%～40%。据笔者测量，体宽26.2～36.6毫米的幼蟹每脱壳1次增重2.1～4.1克，增重率为24.8%～27.55%（表2-6）。

表2-6　幼蟹每次脱壳后增长量

项目脱壳次数	规格（毫米）		体重（克）	增重（克）	增重率（%）
	体　长	体　宽			
样品蟹	24.5	26.4	7.7		
第一次脱壳	26.2	28.5	9.8	2.1	27.27
第二次脱壳	28.5	30.9	12.5	2.7	27.55
第三次脱壳	30.6	33.0	15.6	3.1	24.80
第四次脱壳	33.8	36.8	19.7	4.1	26.28

郭汉青研究雌、雄蟹各5只标本后报道，雌蟹脱壳后体壳宽增加3.7～7.5毫米，体重增加为30%～47.92%，雄蟹增宽为3.8～10毫米，增重为32.86%～48.87%。雌蟹增宽、增重的幅度均较雄性略小。脱壳后的相对增长，一般是个体小，增宽少，而增重的百分率大；个体大，增宽多，增重的百分率小。而绝对增长则相反，个体小，增宽增重少，个体大，增宽增重多。通常6～8月份，蟹增长占总增长的69%，因此，此阶段为养蟹关键时期。

（三）脱壳过程

蜕壳蟹通常潜伏在盛长水草的浅水里，不久在头胸甲与腹部交界处产生裂缝，并在口部两侧的侧线处也出现裂缝。脱壳时，头胸甲逐渐向上突起，裂缝越来越大。旧壳里的新体逐渐显露壳外。由于腹部向后退缩，两侧肢体不断摆动，并向中间收缩，使末对步足先获自由，继而腹部退出，螯足因关节粗细悬殊而蜕出难度较大，故最后蜕出。脱壳后，皱折在旧壳里的新体舒张开来，体型随之增大。新蟹色黑，身体柔软，螯足绒毛粉红，习惯称之为"软壳蟹"。

蜕下的壳为浅黄色，河蟹不仅蜕去坚硬的外壳，并且还同胃、鳃、前肠、后肠等也一并蜕去旧皮。

河蟹脱壳一般 15～30 分钟就可完成，有时甚至 3～5 分钟就可完成脱壳过程。然而，在遇到惊扰、干旱或营养不良等情况，脱壳的时间会延长，有时一只或两只步足蜕不出，仍留在旧壳中，这时的软壳蟹就缺少那一二只步足，有时整个身体不能从旧壳蜕出而死亡，称脱壳未遂死亡。正在脱壳过程中的蟹或刚脱壳的蟹往往会遇到敌害的侵袭，软壳蟹也会遭到同类的残食。因此，脱壳虽然在一个较短的时间内进行，但却险象环生，往往危及生命，可以说，河蟹每蜕一次壳都是度过生命中的关隘。为此，在人工养殖中，一般均采取设置蟹礁、投放水草等措施保护蟹脱壳。

（四）影响河蟹蟹壳硬化的因素

软壳蟹活动能力很弱，但随着时间的推移、皮膜状的新壳逐渐硬化，一般 24 小时左右即可达到一定的硬度，河蟹也恢复体力，开始正常活动。因此，河蟹在脱壳进程中和刚脱壳不久，尚无御敌能力，是生命中的薄弱时刻，通常在 33 小时后新壳才能硬化。已有学者对温度、光照、水质与壳变硬的关系做了研究。

1. 温度对蟹壳变硬的影响　无论是室内水体还是室外水体，温度对壳变硬都有影响。在 1 000 毫升水中，温度升高 3℃，壳变硬时间缩短 11.3 小时。在池塘水体条件下，温度升高 3.4℃，壳变硬时间也缩短 5 小时，也就是说，在适温范围内，温度升高，壳变硬速度加快。

2. 光照强弱对蟹壳变硬的影响　强光照组和弱光照组试验表明：每组试验壳变硬时间相同，表明光照强弱对软壳蟹变硬没有影响。

3. 水质对壳变硬的影响　蒸馏水中蟹壳能达到二级硬度，但不能完全变硬（三级硬度）。1000毫升小水体比起大水体，蟹壳变硬速度明显慢一些，壳变硬需要时间，1000毫升小水体是池塘大水体的2.5倍。外河大水体与池塘大水体差异不大，表明河蟹脱壳后至变硬之间的时间内，其本身能够提供一部分有助于壳变硬的物质，但是量不够，还需要从环境中吸收一部分。

4. 水中泥土对壳变硬的影响 在水中增加泥土与不增加泥土，壳变硬所需时间明显不同，加入泥土的只需要30小时，而不加泥土的则需要近50小时，泥土中有助于壳变硬的营养物质是通过溶解在水中而后再被吸收。因蟹胃内无泥土，排除了消化道吸收的可能，而泥土颗粒也不能为体表直接吸收，况且达到二级硬度的时间均为8小时，加入泥土后，壳变硬速度加快是在水变浑浊以后。

5. 水量与壳变硬的关系 在250毫升河水的条件下，蟹壳半个月还不能变硬；在500毫升河水条件下，蟹壳虽能变硬，但所需时间是1000毫升的3倍多。4000毫升河水条件与隔12小时进行换水，所需时间差异不大，与池塘蟹壳变硬所需时间相同。即在河蟹脱壳后，壳变硬时不需要吸收很多物质，仅4000毫升水体中的无机盐就能满足1只10克左右河蟹的脱壳变硬需要。在养蟹中应据此采取措施保护软壳蟹。

6. 脱壳前体内物质的积累 在蜕去旧壳后，河蟹吸收水分，体积增大，但这只是一种膨胀，真正的生长是增加新的组织，一般是在脱壳前进行物质积累。

7. 脱壳与温度 任何生物发育都需要温度的累积（积温）。一般在清明前后（4月初）脱第一次壳。8～9月分别为雌蟹和雄蟹最后一次脱壳。试验表明，河蟹脱壳下限温度多为15℃，上限为30℃，最适为18℃～25℃。

（五）脱壳素在养殖中的应用

河蟹与其他甲壳类动物一样，体内的脱壳激素是由胆固醇转化而来。但是河蟹等水生甲壳动物自身合成胆固醇的能力很差，这与其他甲壳动物不同。所需要的固醇物质须从外界食料中摄取，以满足生长需要。

因此，在河蟹生产中，必须在饲料中添加一定含量的固醇物质，以满足脱壳生长的特殊需要。目前添加的固醇物质主要是胆固醇，一般在饲料中添加 0.1% ～ 0.15%。

[知识拓展] 河蟹价格指数

1. 概 念

兴化河蟹价格指数是由专人采集河蟹市场批发商在一定时期内大批量销售河蟹的价格和成交量，经汇总样本数据并计算编制的价格指数，是反映兴化河蟹交易市场在一定时期内价格变化趋势的专业指数。

2. 样本数据来源

本指数的样本数据全部采集自安丰国蟹市场、永丰镇蟹市场的河蟹批发商。主要采集 6 种规格河蟹样本，具体如下：

大规格公蟹 200 克；大规格母蟹 150 克；中规格公蟹 175 克；中规格母蟹 125 克；小规格公蟹 125 克；小规格母蟹 90 克。

3. 基期和基值

本指数以 2012 年河蟹集中上市交易的时期作为基期，具体时间为 2012 年的 9 月 10 日到 12 月 31 日。以 2012 年河蟹的年平均销售价格作为参照价格，将价格作为基值的 100 点。比如，以中规格公蟹指数为例，假设 2012 年的平均价格为 100 元／千克，在指数体系里，基值为 100 点，2013 年 9 月 20 日的中规格公蟹价格为 120 元／千克，则换算为指数，当日的中规格公蟹价格指数为 120 点（等于 100×60÷50）。

4. 指数体系

为详细反映出各类不同规格河蟹的价格变化趋势，本指数共有 3 级，三级为单项指数，共 6 项；二级为加权指数，权数为二级下面的两个规格三级河蟹的年平均交易额,共 3 项;一级为综合指数(加权指数),综合反映兴化市场上河蟹交易价格的总变化(表 2-7)。

表 2-7　河蟹综合指数

一级指标	二级指标	三级指标
河蟹综合指数	大规格河蟹指数	大规格公蟹指数
		大规格母蟹指数
	中规格河蟹指数	中规格公蟹指数
		中规格母蟹指数
	小规格河蟹指数	小规格公蟹指数
		小规格母蟹指数

5. 计算方法

拉氏加权指数,成交额为权数。

6. 日指数、周指数、月指数和年指数

本河蟹价格指数每天发布 1 次,根据周期不同,还编制发布周指数、月指数和年指数,其中周指数是 1 周内每天日指数的算术平均值,月指数是 1 月内每天日指数的算术平均值,年指数是当年河蟹集中交易时期内每天日指数的算术平均值。

第三章

人工育苗技术

目前，河蟹育苗场的选建、亲本选择、亲蟹及抱卵蟹的饲养、促产繁殖、幼体培育等环节的技术水平都有较大的提高，天然海水工厂化育苗、大棚土池育苗和生态育苗等方式的技术已基本成熟。但是河蟹亲本多数过小、近亲交配严重、乱用药甚至用国家禁用渔药等现象依然存在，有待于今后加以改进。

河蟹人工繁殖包括了人工繁殖原理与技术流程、亲蟹选留与饲养管理、人工促产；抱卵蟹的饲养管理、人工育苗的方式及操作技术、蟹苗出池与运输等过程，熟悉并掌握上述环节有利于以后的育苗工作。

一、人工繁殖河蟹的原理与技术流程

（一）繁殖的原理与技术流程

1. 育苗原理 河蟹具备生殖降河洄游习性，必须在天然海水或人工海水中才能繁殖。创造一个适合河蟹的亲蟹交配、抱卵、孵化、幼体发育等阶段生态环境，是河蟹人工繁殖的基本条件。

2. 技术流程 河蟹人工繁殖的一般程序见图3-1。

一般来说，亲蟹在霜降前后捕捞，经培育后进行人工促产而

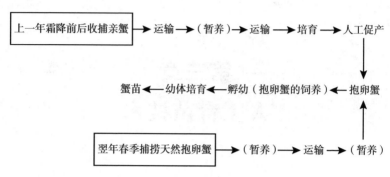

图 3-1　河蟹人工繁殖的一般程序

获得抱卵蟹；抱卵蟹的捕捞一般在春节。春季获得抱卵蟹后，即可进行孵幼，使受精卵在人为控制的环境中孵化成幼体。这样，便完成了河蟹的人工繁殖过程。

（二）亲蟹选留与饲养管理

1. 亲蟹选留　亲蟹的来源一般有两个：一是每年冬、春季从河口或沿海捕抱卵蟹；二是每年秋季蟹汛时，从各淡水水域捕绿蟹进行培育，越冬前后、翌年春节前和 3 月份分 3 次交配，促产成抱卵蟹。

亲蟹选留应注意以下几个问题：

①一般选洄游的长江水系中华绒螯蟹最好。因为这种蟹苗种经过自然选择，绝大多数身强体壮，抗逆力性强，具有长江中华绒螯蟹的典型特征，所繁育的后代纯正优良，长成大蟹的潜力大。250 克 / 只以上的大蟹绝大部分是这种蟹种长的。但是不能全盘否定辽、黄、瓯、闽蟹。在长江亲蟹不足或调运有困难的非产长江蟹地区，就地选个体较大、活泼健康的二龄辽、黄、瓯、闽蟹作亲蟹也是可以的。

②亲蟹的规格。选体重 125 克（雌）至 175 克（雄）以上。

根据生产实践，选较大的好。在一般情况下，生物个体大生大、小生小是个普遍现象，河蟹也不例外。现在有许多养殖户也知道这个道理，他们愿购买亲蟹大的苗，不愿购买亲蟹小的苗。此外，还有人说大亲蟹比小亲蟹死亡率高，这种现象虽较多，但是只要选好养好，是可降低死亡率的，而且大雌蟹的抱卵量和蟹苗的质量也会远远超过小雌蟹。当然亲蟹规格不宜过大，因为过大易于老死，对环境条件要求高，作繁育早苗之用尚可，作繁育中、晚苗则死亡多，效益差，应权衡利弊利用。

③一龄蟹不能作亲蟹。一龄蟹的来源有两个：一个是早繁苗种养成的，另一个是扣蟹种里挑出来的早熟蟹，这两种蟹都不能作亲蟹。因为它们都有早熟的遗传基因，而且个体较小，对后代的发育生长都有一定的影响。实践表明，凡是用这两种蟹作亲蟹繁殖的后代，成活率低，早熟个体偏小。

④小池塘的蟹不能作亲蟹。因为小池塘的活动范围较小，生态条件较差，使蟹产生惰性，活力差，受病毒或细菌感染较多，性腺成熟程度较大。选这种蟹作亲蟹弊多利少。因此，从水域的角度来说，应选湖泊、江河等水深面阔、水质好的大水面里养的壮蟹作亲蟹。

⑤捕捞长江洄游亲蟹和抱卵蟹应注意的事项：利用长江洄游亲蟹和抱卵蟹来繁殖蟹苗当然是好的，但是，近些年由于长江洄游亲蟹和抱卵蟹越来越少，成熟度也参差不齐，所以选用时应注意：剔除未成熟的一龄蟹及早熟蟹；剔除非长江水系的亲蟹和抱卵蟹；所选的长江蟹都要暂养，强化饲养管理，促其肥壮。

⑥选留亲蟹。应选留结构完整，活力强，表面无附着物。雄蟹可进行多次交配受精。亲蟹的雌雄常规比例为2～3。

⑦为了防止近亲交配，应选两个以上点的雌、雄蟹交叉搭配交配。

⑧选留的亲蟹最好在当天运至育苗场，如果不能及时运到或亲蟹数量不足，则需就地暂养。

⑨河蟹育苗应保证足够的亲蟹。工厂化育苗一般按每立方米育苗水体准备亲蟹3～4只，其中雌蟹2～3只。

2. 亲蟹运输　收齐亲蟹后便可用筐、笼、蒲包、网丝袋等运输。要求筐子长、宽、高为 60 厘米×40 厘米×40 厘米，笼子呈腰鼓形，高 40 厘米，腰径 60 厘米，蒲包容量 5～6 千克，短途可用网丝袋，但应浸湿放好扎紧。起运时喷洒一次水后再包装上车或船或飞机，运输途中防止风吹、雨淋、日晒、高温、强烈颠簸和通气不良。如能按要求办，在气温 3℃～15℃时，运输 2～3 天成活率可达 90% 以上。

3. 亲蟹饲养管理　为了使亲蟹顺利越冬和交配产卵，应将收来的亲蟹进行精心饲养。饲养时，雌雄分开。如果收亲蟹时间早，蟹又不壮，应先在淡水里强化促肥。否则，就直接在盐度 10～30 的海水里饲养，饲养的方法有两种。

（1）池子散养

①室内水泥池饲养　寒冷的北方可在水泥池饲养。放养前的水泥池先用 100 毫克/升漂白粉冲洗消毒，再用淡水冲刷干净。池底铺 5～7 厘米厚黄沙，其上用砖瓦构筑蟹巢。要有防逃设施，保持水深 70 厘米以上，放养密度 10～15 只/米^2，溶氧量保持 5 毫克/升，池内水温保持相对稳定，前期一般为 4℃～7℃，中、后期视促产时间需要逐步升温至 12℃。保持水质清新，每 2～3 天排污 1 次，每次换水 10～30 厘米深。

②室外土池饲养　南北方均可应用。从实践来看，一般用土池较好。要建好防逃设施，水深保持 1.5～3 米。土池在放亲蟹前半个月，用生石灰或漂白粉进行常规清池消毒，老池还要清除淤泥。清池消毒后约需半个月，即待消毒剂余毒消失后再放养亲蟹。放养密度，淡水饲养的，每亩放亲蟹 2 000～2 500 只，海水放 1 300～2 000 只。

（2）笼养　笼子用竹编或硬质塑料网制作。做法与室内暂养亲蟹的方法相似。因放养时间较长，密度要小，每笼不宜超过 10 只，而且要经常供应足够的饲料，以减少格斗致残。此法适用于家庭小规模饲养。

不论是池养、笼养，雌雄和大小均应分开，均应加强饲养管理。

亲蟹的饲养管理措施主要有3项：一是投饵，带鱼、小杂鱼、沙蚕、螺肉、蚌肉、蚕蛹、稻谷、大麦、动物下脚料等，大块的要切碎投喂。在水温10℃以上时，每1～2日投喂一次料，投饵量占蟹总重的3%～5%。水温下降时减少投料次数和数量，投饵量占蟹总重的0.5%～1%，水温5℃以下时停喂。投料量视蟹的摄食情况而定，如果水温高，亲蟹摄食旺盛，可多投喂一些，反之，则少投喂。一般的动物性饵料应占投饵总量的40%以上。准备翌年春天促产的亲蟹，动、植物饵料按3∶7投喂，不喂或少喂咸带鱼等海产饵料。投喂地点，池塘一般在其周边或土埂、土墩及水草上。池子大的还应做食台。笼养的，则把饵料投放在笼内的食台或水草上。二是换水，在饲养过程中保持池塘水质清新，溶氧量充足，一般每3～5天应交换池水1/2，水温下降至6℃以下时，减少换水。三是防逃，池养的要建好围栏设施，笼养的要封好笼口，并经常检查有否漏洞，如有，应该及时修复。

（三）人工促产

每年10月下旬至翌年3月上旬，是河蟹交配产卵盛期，由于我国南、北方的气温悬殊较大，一般南方较早，北方较晚。具体促产时间，应根据育苗适宜的时间确定。

1. 天然海水人工促产的做法

（1）先淡养后咸促　有的企业先将亲蟹雌雄分开放在淡水里饲养催肥一段时间，而后再把它放在盐度10～24和7℃～16℃水温的水池里饲养几天，使其由生长成熟变为生理成熟后再雌、雄配比促产。促产时的海水盐度和水温同上。从促产到幼体出膜至少要1个月的时间。在10℃以下低温条件下贮养的抱卵蟹5～6个月后仍可正常孵化。出苗的时间最早可安排在上一年12月份，最晚可安排在当年7月份。据此可从10月下旬至翌年3

月上旬分 2~3 批促产。如是 2 次，春、秋各 1 次，北方多在秋季，南方多在春季。如是 3 次，则第一次促产在 10 月上中旬，第二次在翌年元月底，第三次在翌年 3 月上旬。促产的亲蟹雌雄比一般为 2~3：1。如用水泥池，底应铺沙加瓦造穴，周壁以塑膜或草苫草坯隔离，这样既可防止磨伤蟹步足、腹脐，又能作蟹隐避物和洞穴。土池应有深浅水区。深水区水深 1.5~3 米。雌、雄亲蟹受到海水刺激之后，就会马上交配，交配后陆续见到雌蟹抱卵。如雄蟹放得多，促产时间就较短，一般 5~7 天就可以结束，这时 80% 以上的雌蟹抱卵。如雄蟹较少，促产时间要延长0.5~1 个月。促产后，将雌、雄分开养殖。避免雄蟹反复交配，造成雌蟹伤残；其次，促产后的雄蟹要陆续死亡，分开养殖就便于及时处理，以减少不必要的损失。

（2）**直接咸促** 将 10 月上旬收购的亲蟹直接放入海水池，既让其越冬又让其交配，待到水温 8℃时，再将雄蟹捕出，留下抱卵蟹待用，这种方法适用于亲蟹较壮、没有淡水或淡水较缺的地方。笼养的属后一种，将蟹笼放在海水池塘中亲蟹也能顺利交配产卵。以上两种促产做法各有利弊，但以前一种优点较多：一是使收回的亲蟹得到一个增肥促壮的机会，增强亲蟹交配能力和受精率；二是便于科学地掌握雌蟹抱卵时间，有利于安排生产和提高出苗率；三是可以交配次数，避免雄蟹对雌蟹抱卵的干扰和侵害，提高抱卵量。

2. 人工配制海水促产 在远离海区的内陆地区，没有天然海水的条件下，可以按河蟹繁殖的条件来配制人工海水：盐度为16~24，钙含量为 206~296 毫克 / 升，镁含量为 546~648 毫克 / 升，氯化钾含量为 200~400 毫克 / 升，铁 0.02~0.05 毫克 / 升，pH 值 7.8~8.5，透明度 1 米左右。

（四）抱卵蟹的管理

1. 抱卵蟹来源于收捕 抱卵蟹的来源有两个：一是利用自

己或别人人工促产的抱卵蟹；二是收捕的天然抱卵蟹。前者已介
绍过，后者尚需做简要介绍。

天然抱卵蟹可以在1～3月份气温开始回升的沿海或河口捕
获。天然抱卵蟹一般体质强壮，肢体齐全。3月初当浅海水温10℃
左右时，河蟹出来活动觅食，此时，河边、江河入海口处时而发
现天然抱卵蟹，一般每次捕到的数量不多，收集时应积少成多。

不论是人工繁育的或天然的抱卵蟹都应符合下列质量要求：
①个体在125克以上；②无病无伤残、活泼、强壮；③抱卵量
大，一般每只应在20万粒以上；④无死卵；⑤离水时间不能过
长，就地在海水里暂养；⑥交配20天左右要检查确定所抱卵的
等级标准，一般根据所怀卵粒数量和质量（包括颜色、光泽等）
而定（表3-1）。

表3-1　河蟹抱卵的等级标准

项　目 ＼ 等　级	一　级	二　级	三　级
数　量	大大超过腹脐	到达腹脐边缘	不到腹脐
颜　色	豆沙色　酱油色	豆沙色　酱油色	米色　蓝色
光　泽	鲜　亮	鲜　亮	较　暗

虽然一等、二等的卵刚孵出后的颜色呈豆沙色，但在快出膜
时转为灰白色，在其胚胎发育过程中，色泽会越来越浅。

2. 抱卵蟹运输　抱卵蟹运输应防止离水时间过长。离水时
间长容易引起掉卵，饥饿的蟹也会自食其卵。

抱卵蟹运输可用蟹苗箱或用水产塑料箱代替。箱底铺上用海
水浸湿的毛巾、纱布或稻草等。将蟹腹部向下平摆一层，然后再
将湿毛巾、稻草盖在蟹上面，让稻草充满整个箱底，防止蟹来回
爬动，如果需叠放，最多不能超过两层。将装好蟹的苗箱5～10
层捆扎在一起起运。运输途中，应注意：①遮风，不然会把苗箱

的水分吹干，使抱卵蟹和蟹卵死亡；②带上海水，每隔 3 小时要洒水 1 次，使苗箱经常保持湿润；③蟹卵胚胎处于眼点期以后，不宜长途运输；④到目的地以后，应立即放入等温度、等盐度的水中充氧饲养。

3. 饲养　抱卵蟹的饲养只能雌性单养。饲养管理方式主要有露天池塘散养、控温散养和海水中笼养 3 种。

（1）露天饲养　饲养方法与亲蟹相似，即放入抱卵蟹之前，池子要彻底消毒，待药物毒性消失后再放入抱卵蟹，密度 2～4 只/米^2。放蟹前池子要放足水，南方水深 1.5 米以上，北方水深 2～3 米。在饲养中逐渐适当增加投料量，以增加营养，积累营养物质，如果抱卵蟹吃不饱，就会自食卵粒充饥。在饲养过程中要经常换水增氧，每次宜换 1/3～1/2，以保持水质清新溶氧量充足，并保持池水水温和盐度的相对稳定。

（2）控温散养　根据孵幼时间的需要而控制水温升降的，分为室内水泥池和大棚土池两种。

室内水泥池散养，多数是暂时利用河蟹育苗室或饵料、海带、紫菜、蟹苗等培育室饲养的；大棚土池散养，一般是建造宽 8～10 米、深 1.2～1.5 米、面积 1～3 米^2 的长方形池沟，池内安装必要的控温、增氧等设施，使池内有需要的恒温，以保证抱卵蟹胚胎发育。

工厂化育苗抱卵蟹自室外移至室（棚）内前，室内暂养池及管道应消毒刷洗，池内所加的海水盐度、温度应同移出塘基本一致，水深 1 米，而后将抱卵蟹冲洗干净，剔除雄蟹，按 8～15 只/米^2 的密度投放池内。

不论是哪种控温散养，都应做好下列饲养管理工作：

①充气　24 小时不间断充气，保持水体溶氧量 5 毫克/升以上。

②人工筑蟹巢　河蟹喜穴居，在暂养池内用瓦片、水泥瓦等搭些人工蟹巢，不仅能供蟹栖息，而且能防止抱卵蟹受伤。

③控制光照　蟹喜暗光，暂养期间应在池上挂些黑色帘。

④投饵　暂养蟹必须用优质饵料饲喂，一防止饥饿的蟹挖卵充饥，二增强蟹的体质；蟹体质强，腹部扇动的频率快，卵的发育才能得到充足的氧气，才能使幼体顺利出膜。

投饵量以略有剩余为好，水温 10℃时，投饵量为蟹群体重的 1.5%～2%，以后随着水温升高投饵量也要相应增加。每日投饵 2 次，早晨投全天饵量的 1/3，夜间投 2/3，饵料要求新鲜，并冲洗干净，鲜活最好。蛤类要用刀劈开，小杂鱼要用刀剁碎，沙蚕用沸水将活的烫死，经高锰酸钾消毒后再撒入水中。

⑤换水　经常换水，保持水质清新，同时清除残饵及死蟹，加水时要加等温度、等盐度的水。

⑥温度　温度同胚胎发育有着密切的关系，在适温的范围内，温度越高，胚胎发育越快，但注意升温要循序渐进，不能升温过快，幅度过大，否则容易造成胚胎畸形。

抱卵蟹刚入池时，一般室外水温为 10℃～12℃，移入室内后首先在自然温度下暂养 1～2 天，使蟹逐渐适应新的环境，当蟹活动、摄食转入正常后开始升温，升温幅度每日不超过 1℃，当温度超过 12℃时，胚胎发育开始启动。升温的速度应与胚胎发育的速度同步。对于准备排幼的抱卵蟹，饲养的水温不宜超过 18℃，以控制胚胎发育过快。刚入池时，蟹胚胎发育一般在囊胚期，随着温度的升高，依次经过原肠期、眼点期、心跳期，卵的颜色也由酱紫色逐渐变成灰白色。当心跳速度达到 160 次 / 分以上时，即标志着幼体即将破膜，应立即准备布幼。

（3）海水中笼养　蟹笼用竹编或聚乙烯网片制作，每只笼体积 0.3～0.5 米 ^{3}，放 20～30 只抱卵蟹，笼底部铺卵石，用延绳钩把笼子沉入海水中，深度以在低潮位时不露出水面为准。每隔 7～10 天检查、投喂 1 次。采用这种方法饲养的抱卵蟹成活率虽较高，但海里大风大浪影响较大，管理也不方便。因此，笼子应放在风浪较小的海湾里，并要改进操作方法。

4. 抱卵蟹流产及防止措施　抱卵蟹流产有两类情况：一类

是抱卵蟹所抱的卵围末交配或交配末受精，卵粒过早脱落。这类多是环境条件不适或性成熟过度的蟹造成的；二类是已交配受精的抱卵蟹进入胚胎发育阶段时卵粒过早地散落水中。一般有以下几种情况：一是已交配受精的卵因没有咸水环境不易黏附于刚毛而终于流产；二是在5℃以下的低温及恶劣的水质条件下，性成熟的雌蟹虽能受精产卵，但不能正常黏附于腹部刚毛上，造成"流产"；三是长期在缺氧或水池底质污染较重的情况下，所抱的卵也会陆续死亡而散落水中；四是亲蟹发育不充分，体质瘦弱，虽交配受精抱卵，但卵粒黏附力和发育程度都差，外界环境稍有变化就使蟹卵大量脱落。

凡是流产的卵都为黄色或橘黄色，卵粒大小不均，不饱满，经镜检都是死卵，都不能发育成为幼体。

在人工育苗孵化过程中，流产现象时有发生。防止抱卵蟹流产措施有以下6点。

①选择亲蟹必须健壮活泼，雌雄必须分开，视具体情况在淡水或咸水里催肥促壮后再促产。

②控制好水温。胚胎发育在原肠期前，室内水池水温可比自然水温高出2℃～3℃，胚胎进入新月期，水温控制在15℃，复眼形成至心跳初期，水温控制在18℃，进入原溞状幼体，水温上升至20℃。水温随胚胎发育同步进展而逐步升高，但不可升温幅度过大。

③适量投喂鲜活饵料供雌蟹摄食，保持水质清洁，一般2～3天换部分水1次，如水质不好，每隔7天全部换池水1次。

④水温要保持相对的稳定状态。

⑤水体盐度正常，水池充气呈微波状，周围环境需安静。

⑥暂养期间，操作必须轻快，防止蟹体损伤和蟹脚脱落。

5. 产后饲养管理 同一只抱卵的雌蟹，可以分2～3批产卵孵化，当第一批幼体出膜之后，雌蟹开始整理附肢，清除附肢刚毛上的卵壳，经交配可进行第二次产卵，待第二批幼体出膜后,又清理附肢刚毛上的卵壳,准备第三次产卵,在产卵前后,都需要精心管理。待第一批幼体出膜排空之后,无论在土池或水泥池早孵幼的,都要将雌蟹捕起,选出肢体完整的雌蟹,再继续进行饲养,这时雌蟹又重新产出紫色的卵,黏附在腹部及其附肢,第二次雌蟹抱卵时,水温较高,故卵的发育加快,一般隔 7~10 天又可迎接下一批孵幼出膜。所以,必须加强抱卵蟹管理,主要控制水温不能太高,控制在 21℃~22℃,投喂优质饵料,如杂鱼、沙蚕等,以及培育池充气增氧,每日更换新水等措施。当卵被颜色转为灰白透明时,第二批孵幼出膜又将开始,当产出后,再迎接第二次抱卵,其操作方法与第二批抱卵后的做法相同。

6. 出膜时间和出膜前兆 河蟹交配后抱卵的时间很长,北方地区越冬暂养期长达 5 个月之久。孵幼出膜时间主要根据水温来控制,在连续充气增氧、充分供饵、经常换水的条件下,水温保持 20℃~23℃,18~22 天可育成蟹苗。相反,如果水温长期处于 10℃以下,幼体胚胎发育则长期维持在原肠期阶段。因此,利用这一特性,在抱卵蟹饲养期间,控制与调节好水温,就能有计划地分期分批孵幼,分批出苗。

幼体出膜的前兆:卵粒大部分透明呈蝴蝶状,胚胎出现眼点和心脏跳动(130~160 次/分),进入原溞状幼体阶段时,在水温保持 20℃的条件下,24 小时内即可孵化出膜。必须经常检查水体中第 I 期溞状幼体游出的多少,当孵化出第 1 期溞状幼体时,大约持续 3 天便能孵化完毕。

(五)抱卵蟹死亡

亲蟹暂养、促产抱卵期间,有时会发生死亡。实践表明,暂养过程中雌蟹的死亡率高于雄蟹,人工促产后雄蟹的死亡率高于雌蟹。抱卵蟹要求安静环境,喜栖息在洞穴内,如抱卵蟹一直在洞外,表明该蟹体质不良。

1. 造成抱卵蟹死亡的主要原因

①抱卵蟹本身体质差，活力弱。

②抱卵蟹肥大。在暂养池里，没有满足需求，如溶氧量不足等，造成死亡。

③暂养池水质条件差，没有适口饵料，长期在这种环境，慢慢地引起死亡。

④人工促产的雄蟹，互相咬斗时造成断肢，影响正常的觅食，导致死亡。

⑤人工促产后期，雄蟹"老死"。

⑥抱卵蟹在眼点期、心跳期以后及至原溞状幼体阶段，如遇水温偏低，先引起胚体死亡，然后导致母蟹死亡。

2. 解决对策　一是要严格按标准选好亲蟹和抱卵蟹；二是要改善暂养池的生态条件；三是保证饵料质与量；四是要消毒防病，发现病蟹及时治疗；五是要防止外界各种因素的干扰。

二、人工育苗的方式及操作技术

河蟹育苗就是把受精卵孵化出溞状幼体，再培育成蟹苗的全过程。河蟹人工育苗的方式，目前主要有天然海水工厂化育苗、人工配制海水工厂化育苗、大棚土池育苗、生态土池育苗等方式。

（一）天然海水工厂化育苗

1. 厂址　应建在海水盐度适宜、水质无污染、淡水资源方便、有湖泊河流等地表水和电力、交通方便的近海地区。保证在大潮时贮足盐度 15～30 的海水和在枯水期有充足的地表淡水或深井淡水。

2. 育苗场主要设施

（1）海水供水系统　供水系统是指用来提水、贮水、过滤的设施、设备。海水蓄水池主要包括蓄水池、沉淀池、高位配水池、各种水泵及滤水网袋等。育苗厂的水循环过程如图 3-2。

图 3-2 育苗厂水循环过程

蓄水池应具备 2 口以上，最好采用室外土池，深度在 2 米以上，面积要大，一千立方水体的育苗室要配备 15～20 亩，即蓄水量为蟹苗池水体的 10～15 倍。蓄水池的作用是物理沉降净化水质。

沉淀池应靠近育苗室，其作用是将蓄水池的水二次沉淀，除去泥沙。沉淀池深 1 米以上，容水体积约占育苗水体的 3～5 倍。

高位配水池为水泥池，容水体积为育苗池水体的 40%，顶部加盖并配备加温管道，将海水提前预热或降温，与育苗池所需的温度一致，避免换水时的温差过大。如果海水的盐度超过 30，还可通过注入淡水，调节盐度。配水池高度一般在 2 米左右，池底要高出育苗池顶 0.8 米，水位高时可自动流入育苗室内。每个苗池安装 1 个进水阀门。

水泵①的作用是将自然海区向蓄水池注水，应使用轴流泵，这种水泵提水量大，功率大，效率高，有利于利用潮汐提高纳水能力。水泵②③均为潜水泵，出水管口要套上 2 米×4 米的滤水网袋，网袋的目数随幼体的生长不断更换，依次为 200 目、80 目、40 目、20 目等。

室内输水管道应用 PVP 塑料管，忌用金属管。

（2）淡水供水系统 淡水池由 3 个以上的小池组成。利用地表淡水的蓄水池，宜土池结构，蓄水量为育苗池水体的 5 倍；利用高温深井水的蓄水池，宜水泥结构，蓄水量为育苗池的1/2左右，自来水流出并存放在淡水池中，经48小时以上的沉淀和析出氯气等有害物质后，运送至各车间。

（3）**育苗池** 育苗池是由混凝土铸成或由水泥加砖砌成，内壁用水泥抹光。育苗池一般以25～30米^{3}为宜，容水深度为1.6～1.7米，其中地上高50～60厘米。育苗池要求内壁光滑、不渗、不漏，四角建成弧形，池底应向出水口倾斜，倾角为3°～5°，池水能彻底排净。出水口用木塞或胶塞堵住，不能漏水，也可安装阀门，向外通入排水沟。排水沟底应低于育苗池底、以便接苗操作，顶部加盖板，形成通道以行人。

屋顶采用透光率60%以上的玻璃钢瓦覆盖，便于增加光照，利于培育水中饵料生物。

新建的水泥育苗池碱性较重，pH值甚至高达10以上，使用前用淡水放稻草浸泡1个月，直至池壁上附生藻类为止；如时间紧可用无毒防渗力强的合成涂料涂刷，喷后第二天便可使用。

（4）**饵料培育池** 饵料培育池用来培育单胞藻、轮虫、卤虫等蟹苗的活性饵料。每个池子10～15米^3；水深1.2米，并布有同育苗池一样的充气供水管道。饵料培育池的总水体，应占育苗总水体的30%。每池安一进水阀门。

（5）**控温系统** 包括供热和降温两个系统。供热系统的作用主要是保证幼体发育所需的水温。工厂化育苗室靠锅炉供热。锅炉的蒸发量应与育苗水体相匹配，1 000米^{3}水体的育苗室需配备1吨的锅炉1台，为防止故障停炉，有条件的拟备2台。

（6）**供气系统** 供气系统主要包括输气管、风机、气泡石、曝气管。风机采用罗茨鼓风机，每分钟送气量为育苗水体的1%～2%，风压3 500～5 000毫米水柱。为了防止育苗期间鼓风机发生故障，育苗室应配备2台鼓风机交替使用。

（7）**发电机组** 育苗期间，鼓风机需要不停地充气，锅炉需要加温，育苗池需要换水，因此保证用电是十分重要的。为了防止停电，育苗厂应配备发电机组，以备在停电时急用。发电机的功率应大于育苗厂电力设备总功率的 10%，以免发电机超负荷运转。

育苗设施相互之间的关系如图 3-3。

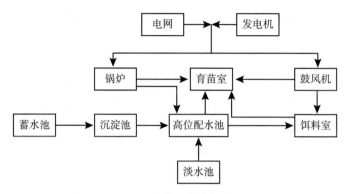

图 3-3　育苗设施相互关系

（8）**亲蟹越冬、暂养池**　亲蟹越冬、暂养池有两种：一是采用室外土池，主要用于亲蟹的越冬。室外土池暂养，可提高暂养的成活率和抱卵量。二是在北方寒冷地区可利用室内新建的或空余的育苗池暂养。

3. 各附属设施

（1）**饵料加工车间**　配备豆浆机、蒸饭机各 1 台和煮豆浆用的锅灶等。

（2）**简易水质化验室**　配备显微镜 1 台，解剖镜 1 台，精密pH 分析仪 1 台，微量天平和粗天平各 1 台，还应准备一些海水盐度比重计及表层温度计等。

（3）**办公、生活用房**　如办公室、宿舍、食堂、库房等。

（二）其他旧的育苗场选择与改造

海边有许多旧的闲置的对虾、海带、贝类等育苗场，可选择水源、水质、交通、电源、设备好的场按照河蟹育苗场的标准，加以改造，使之适应河蟹育苗的需要。

1. 河蟹的布幼及其培育

（1）布幼及其相关问题处理

①育苗池的准备　育苗池要彻底消毒，布好气泡石或气管，然后加进过滤海水，预热，将温度加至暂养池的温度，同时加二氧化氯（ClO_2）0.3 毫克 / 升，EDTA 5 毫克 / 升；进行水质消毒，等待布幼。

②布幼的方法

挂笼法：笼子用聚乙烯网制作，容积 0.3～0.6 米^3，选择胚胎发育一致（心跳 130～160 次 / 分）的蟹，放入蟹笼或产卵网箱内，在 20 毫克 / 升高锰酸钾溶液中浸浴 15～20 分钟，然后，按每只蟹笼装 25～30 只或者每平方米 2～3 只，抱卵蟹吊入育苗池让幼体破膜后自行排入水中，待达到计划密度后将蟹笼移出，拣出产空蟹，将未产空的蟹再放入另一池中笼里排幼。此方法的关键是挑选抱卵蟹。经过挑选的蟹，其卵的发育进程要相对一致。如果抱卵蟹挑选得不好，幼体排放不集中，短时间内达不到计划密度，抱卵蟹还可在池中挂 1 天，使其排幼。

接幼法：此方法类似对虾育苗的接卵，幼体破膜后直接排入暂养池中。因此，当胚胎发育至心跳期时，应注意观察池水中有无幼体排出，一旦发现有幼体排出，应马上用 100 目网箱将幼体虹吸出。接苗时动作要轻，水流要缓，幼体刚破膜时呈弹跳式后退运动，身体团成球状，一般不易造成机械损伤，但破膜时间与接幼时间最长间隔不能超过 12 小时，间隔时间越短，幼体损伤越少。抱卵蟹排幼昼夜 24 小时均可进行。因此，每日视暂养池中排放幼体的多少，至少接幼 1～2 次，接出的幼体按要求的密度布入育苗池中，同一池中的幼体最多不能相隔 1 天，以免幼体相互残杀。

③布幼密度　布幼密度因条件、地点和时间而定。一般水泥池为每立方米 30 万～40 万，如果基础饵料较多，溶氧量较足，

管理和其他条件较好，可再提高密度；反之，则应降低密度；就时间而言，不同时间的密度是不一样的，冬季及早春一般每立方米布幼 20 万～25 万，4～5 月份为 25 万～30 万，5 月下旬至 6 月上中旬，因水温高，水质不稳，一般布幼 8 万～15 万；就地区而言，我国北方具有水质条件较宜和天然饵料丰富等优点，布幼密度可高一些，一般为每立方米 30 万～50 万，南方则应低一些，一般在 15 万～25 万。总的来说，应适当稀布，如果布幼过多，饲养管理又跟不上，则得不偿失。

④幼体密度的测量方法　用一定体积的小烧杯，取水样，数出其中的幼体个数，算出每毫升的幼体数，乘以 100 万，得出每立方米水体的幼体个数，即为布幼密度。采样时至少选取不同位置的 6 个点，求其平均数，如果能在水的中、底层取样，则更为准确。

⑤布幼的水质肥瘦调控　在肥水塘可用 10～15 毫克 / 升光合细菌遍洒，在瘦水池塘可通过提高水中的饵料生物，提高幼体的成活率。

⑥产空的抱卵蟹饲养　有条件的最好放在室外土池海水饲养。经过精心饲养，还可第二次抱卵。但抱卵量只相当于第一次抱卵量的 20%～30%。待第一批育苗结束后，再将第二次抱卵蟹移入室内暂养，当胚胎进入原溞状幼体阶段时，可进行第二批育苗生产。有的抱卵蟹还可进行第三次、第四次抱卵，但卵量很少，加之后期自然水温升高，水质不易控制，生产意义不大，因此一般的育苗最多进行两批育苗。

（2）幼体培育　幼体培育是指幼体破膜（Z_1）至大眼幼体（M）出池阶段，需 18～22 天。此阶段是育苗生产最关键的阶段。因此，必须一切工作服从于育苗，后勤物资供应要确保育苗的需要，育苗车间应昼夜安排人员值班，经常检查各项设备的运转情况，落实以下技术措施：

①控温　幼体发育的快慢与温度有直接关系。在适温范围内，水温越高，幼体发育越快。温度低于 18℃，幼体变态时间

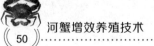

拉长，易感染疾病；温度高于26℃，幼体发育快，但身体纤弱，抗病力弱，幼体成活率低。因此，河蟹育苗期间温度应控制在20℃～25℃，每天升温不超过0.5℃。

在生产实践中，应视幼体活力状况结合生态环境来控制水温，活力强，水质好可使用上限水温；活力差，水质不良采用下限水温。

②幼体饵料的种类及投喂方法　溞状幼体的生物饵料有以下几类：

单胞藻类：主要为扁藻、新月菱形藻、三角褐指藻等。自然海水中均有一定量的单细胞藻，只需补充一些动物性的生物饵料即可，但如果单胞藻类数量较少，则必须采用人工培育的办法加以补充，并投喂轮、卤虫幼体。

轮虫：主要是褶皱臂尾轮虫，轮虫因其营养丰富、个体适中，是最佳的开口饵料。

卤虫：主要由卤虫卵孵化而得。刚孵出的卤虫幼体，身体不分节，称无节幼体，橘红色，是溞状幼体极好的活性饵料。

代用饵料：主要是蛋羹、鱼糜浆、蛋黄、豆浆以及各种悬浮微粒饵料等，当活性饵料不足时辅助投喂。尽量少投代用饵料，投喂过量容易污染水质。

溞状幼体随着个体发育变态、摄食方式由滤食性转化为捕食性，由被动摄食转为主动摄食，食物也由植物性转以动物性为主。Z_1期孵出后不久就能捕食轮虫，在孵出后10小时左右就可捕食卤虫无节幼体。

在育苗生产中一般的饵料组成是这样的：Z_1期以单胞藻类为主，Z_1期末就应搭配适量的轮虫和刚出膜的小卤幼；Z_2期就应以轮虫和初出膜的卤幼为主，但要搭配适量单细胞藻；Z_3期以卤虫无节幼体为主，但要搭配轮虫；Z_4期以后，可主要投喂卤虫无节幼体，大眼幼体期则不同于溞状幼体期，其摄食方式和游泳方式发生了根本的变化。大眼幼体性情凶猛，食量较大，自相残杀非常厉害，此时饵料一定要投足，应以卤虫成虫或新鲜鱼糜、肉糜、悬浮饵料为主，不足时再搭配一些蛋羹。

单胞藻在水中需要保持一定的密度（表3-2）。其密度大小与个体生长发育和其他饵料投喂有关。单胞藻在水中具有多种作用：一是基础饵料；二是增加水体溶解氧；三是净化水质。

因轮虫、卤虫也要食单胞藻，所以在育苗水体要维持一定密度的单胞藻。在单胞藻合理密度的环境中，培育的幼体活力强，变态整齐。从 Z_1 期至淡化前的大眼幼体均需维持一定密度的单胞藻。

表3-2　河蟹幼体各期的日投饵量

阶段	鲜活饵			代替饵料	
	单胞藻（万/毫升）	轮虫（万/毫升）	卤虫（万/毫升）	蛋黄（个/米³·天）	豆浆（毫克/升）
Z_1 期	30	8	1～4	0.2	0.5
Z_2 期	20	12	4～8	0.5	0.5
Z_3 期	15	20	10	1	1
Z_4 期	10	15	20	1.5	0.5
Z_5 期	8	10	30	2	
M 期	每日每立方米投入卤虫600～1 000 克			4	

投喂量视幼体的摄食情况酌情增减，平时要多观察，一要观察水中有无残饵，二要观察幼体的胃肠饱满程度（结合镜检）。投饵的原则是少投、勤投，一般每日的饵料分 10～12 次投喂。

豆浆、蛋黄均为代用饵料，下沉速度较快，且在水中不易观察，一定要少投或不投，投喂时应尽量用较细的筛绢过滤，并注意泼洒均匀。

③换水　一个良好的水环境是育苗成败的关键，如何调控水质已成为育苗的核心技术之一。为保证育苗水体符合水质标准和

最大限度地提高水体生物负载能力，就必须将各项水质因子控制在适宜或最适范围之内，因此选水和管水就显得非常重要。

在育苗过程中，保持良好水质的措施，主要是添、换水。

换水时应注意下列事项：

第一，随着育苗时间的推移，排泄物不断增多，残饵也越来越多，在水温较高的情况下，极易腐败分解，产生大量的氨氮和硫化氢，对幼体有害。因此，育苗期间必须每天换去部分老水，同时加入部分新水，以保持水质稳定。换水的方法是：采用尼龙筛绢做成网箱，网箱固定在钢筋焊成的铁架内，放入育苗池中，再用胶管插入网箱内虹吸排水。网箱的目数应根据幼体的生长及时更换，依次为80目、60目、40目，日换水量随幼体的生长及水质的变化不断调整（表3-3）。时常检查网箱有无破洞、漏苗。

表3-3　幼体培育的日换水量

阶　　段	Z_1 期	Z_2 期	Z_3 期	Z_4 期	Z_5 期	M 期
换水量		1/5	1/5～1/3	1/2	3/4～4/4	1/1～2/1
次　　数		1	1～2	1～2	2～3	2～3
网箱目数		80	60	60	40	40

第二，一般宜在清晨或傍晚投饵前进行换水。

第三，幼体容易贴网目上，应及时将贴壁的幼体冲入水中，否则这部分幼体容易窒息死亡。

第四，待池水排至预定数量后，应立即加进等量等温，等盐度的新水。

第五，在浅池换水时，要严防换水网箱触底或牵动池底充气管，造成池底污物泛起，引起全池幼体受污染中毒。

④倒池　所谓倒池，即将一个池中的河蟹幼体移入另一个池中，使得水质和底质得到根本的改善，提高育苗成活率和蟹苗质量。

⑤育苗池充气应注意的问题　在育苗期间，每分钟内应有占

水体 1%～1.5% 的气量进入池水内，因此鼓风机的规格应根据育苗总水体确定。风压与水深有关，水深达 1.5 米以上的育苗池，应选用每平方厘米风压为 0.35～0.5 千克的鼓风机；水深 1 米以内者，则用 0.2 千克风压的鼓风机。为保证育苗正常运行，罗茨鼓风机应配备 2 台以上，以便备用或轮换使用。如果鼓风机不能运转，则要采取人工搅水加以弥补。充气时，充气量和充气强度要控制得当，气泡大小也要适度。气泡越小，表面积越大，能停留在水中的时间越长，氧气溶入水中的机会越多，但气泡过小很难造成水流；气泡大，留在水体内部的时间短，但能有效地带动水体流动，使幼体和饵料分布均匀，因此可用调节气泡石的规格来控制气泡大小，达到既增加水体中溶氧量，又能造成水体流动的效果。在育苗过程中应不间断地充气，在高密度育苗条件下，充气间断时间最长不超过 15 分钟。间断后重新启动前，务必及时调节开关，将气量减少，待恢复充气后再逐渐加大，调节到原来的充气强度。切忌断气后恢复充气时，突然间气量骤增，导致池底沉积物冲起，污染整个水体。

⑥光照　Z_1～Z_3 期适宜的光照强度为 5 000～6 000 勒，后期为 6 000～10 000 勒。溞状幼体有明显的趋光习性，对过强的直射光有回避反应，因此育苗池内幼体有昼夜迁移的现象，白天一般靠近窗户的一边幼体密度大，晚上则靠近灯光的地方幼体密度大，根据这一特性，针对性地投喂。试验表明，长期处在绝对黑暗的状态下，影响溞状幼体的蜕皮，并使大眼幼体的成活率成倍下降。因此，育苗室的屋顶均应采用玻璃钢瓦，育苗期间要把黑布帘（保留遮阳网）拉开，增加透光率。

三、蟹苗出池与运输

这里所介绍的蟹苗出池与运输技术是以天然海水工厂化育苗为主。

（一）蟹苗淡化出池

溞状幼体经 5 次变态，变成大眼幼体，即蟹苗。大眼幼体在形态及生活方式上均与溞状幼体有较大的差异，游泳方式由原来的弹跳变为平游，离水时还能爬行，捕食非常凶猛，饵料不适口时，可捕食 Z_5 期幼体及个体小的大眼幼体来充饥。刚变成的大眼幼体，体质较弱，还不能适应淡水生活，需经过几天的暂养、淡化，方可出池。

工厂化蟹苗出池的单产一般为 0.2～0.4 千克/米^3，高的可达 1 千克/米^3，一般每只 100 克以上的抱卵蟹产蟹苗 0.1～0.8 千克，多的产 1 千克多。

1. 大眼幼体的最佳出池时间　掌握好大眼幼体的出池时间，可获得事半功倍的效果，根据各地的经验，在正常水温条件下，Z_5 期 90% 变 M 期后的 6～7 日龄是大眼幼体的最佳出池时间，既能获得较高的产量，又能提高成活率。

2. 淡化、调温、出池

（1）水泥池（含大棚池）　蟹苗 2 日龄后，先要排掉部分池水，而后逐渐加入淡水，降低盐度，即在每次换水后，适当补加一部分淡水，同时缓慢降低温度。淡化 3 日后，盐度下降幅度每天不超过 5，温度下降不超过 2℃，当盐度降至 3 以下，水温降至自然水温时，可视室外的气温状况，安排出池，放入池塘中养殖或出售。

不同日龄的蟹苗，放入淡水中的成活率不同。高日龄蟹苗适应盐度变化大于低日龄。

淡化时要特别注意水质要求，自然淡水最好（但要先做试苗），如果用深井水，必须曝气 24 小时后才能使用，最好将地下水事先抽入室外土池，充分曝气、沉淀，接种一些有益藻类效果更好，未经曝气的水不能使用。

宜在晚间先用灯光诱集出苗，抄网捕出大部后再用虹吸的办法，将蟹苗吸入 40 目的出苗网箱中，同时一边虹吸一边将网箱内的蟹苗用小抄网捞出，干放在一边，当池水降至 40 厘米以下，将放水阀门打开，大眼幼体随水流出，到出水门处的苗箱内。池水放干后，再反复用清水冲几次，可把蟹苗出净。

（2）土池　土池出苗与水泥池不一样，主要是先捕捞后淡化，再捕捞放养或出售。

捕捞的做法有 3 种：一种是在晚上，利用其趋光性，用 100～200 瓦电灯诱集，用捞海抄捕。另一种是在白天用大拉网捕捞，起捕率可达 95% 以上；再一种是用 40 目的集苗网安放在苗池出水口处集苗。

蟹苗暂养淡化的做法：所捕的蟹苗放在已准备好的池子淡化，要求淡化水盐度 5 以下，水深 0.6 米左右，每立方米放苗 1 千克左右，每平方米水面放 1 个气泡石增氧，每批淡化时间应达 8 小时以上。待蟹苗在淡水中活动正常时，即可捕出装箱运走。

（二）蟹苗出池质量鉴别

购苗者应在购苗前 15～20 天，了解亲蟹纯杂、来源、个体大小、健康状况、育苗水体状况，孵幼开始后再了解幼体变态、饵料种类、用药情况、淡化方式、育苗水温、盐度及下降幅度、苗龄等，在此基础上再鉴别苗的质量。

蟹苗的质量要求：

①质优的蟹苗，色泽黄中带青，或黄褐色；如果壳色透明，泛白成为深黑色，就是"太嫩"和不健壮的表现；

②体表光洁，不沾污物；

③健康苗在水中平游，速度很快；水中打转或仰卧水底不动则为劣质苗；

④健康蟹苗离水后能迅速爬动；

⑤池中有大量死苗，不能采购；

⑥6 日龄以上经过淡化降温，土池苗经 1～3 天的淡化，规

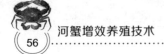

格在 14 万～17 万只 / 千克，大小均匀的比例达 80%～90%；

⑦手抓一把，有扎手感，轻握再放开，能迅速四处逃散，则为优质苗，否则就不是；

⑧蟹苗过秤时应无残饵杂质和死苗，故在网箱沥水后再过秤。

（三）蟹苗运输

1. 抽样计数　采取干量法，将大眼幼体全部接出后，干放在一边，沥去水用天平或电子秤称量，同时，用天平准确称量一定质量大眼幼体，数出蟹苗个数，即可算出蟹苗规格，以万尾 / 千克计。

2. 蟹苗运输方式　蟹苗有水陆运输和空中运输两种方式，下面分别加以介绍。

水陆运输的运输工具主要是车船。按集装容器分，主要有下列几种：

（1）**木板蟹苗箱运输**　箱子的规格为长 60 厘米×宽 40 厘米×高 10 厘米，用木板做框架，用纱窗布或细筛绢做底，箱的四周开挖出长方形的通气孔 4 个，其中 28 厘米×3.5 厘米 2 个，14 厘米×3.5 厘米 2 个，该孔也由纱窗钉上，箱子上、下断面裁有卡口，目的是在几个箱子叠放时，各箱不致错位，蟹苗也不致逃出，每箱装 0.5～1 千克蟹苗。

（2）**尼龙袋充氧装苗运输**　一般用 10 千克容量的尼龙袋，袋中装 1/5 量的淡水，放 0.5 千克水草，放蟹苗 0.5～0.8 千克，充氧后将袋口扎牢，不能漏水漏气。尼龙袋放入纸箱内，用胶带封口后再用包装带捆扎牢，汽车、火车、轮船等运输均可。

（3）**透明篓充氧运输蟹苗**　有的地方采用塑料透明篓充氧运输蟹苗。

（四）蟹苗运输死亡率的测定

运输过程中的死亡率不超过 5% 是正常的。每次运输死亡率是否超过这个界限，往往成为买卖双方拟订产销合同的重要条款和经常发生争议的主要焦点，很多时候对这个问题处理不好而发生纠纷。因此，对蟹苗运输死亡率的测定要有一个科学的方法。减少运输死亡率措施：

1. 途中检测　有的蟹苗购销合同规定，"蟹苗出池后送到机场死亡率不超过3%"。是否超过3%，则需在蟹苗到达机场后测定，因为时间紧迫，测定的方法要简便，速度要快，一般在全面观察之后，再选3组箱随机取上、中、下3只单箱，作测定样品；在每箱中死亡中等水平的地方各取10克用天平称重过数，假如总数是4 200只，其中死亡是84只，死亡率则是2%，没有超过合同数，则可上机空运。其他长途运输的车船也可用此法测定其蟹苗死亡率。

2. 塘口湿测　蟹苗运至塘口后，可采取两种方法测定：一种是取样测定，即选不同箱组里死苗多的、少的和中等水平的各2箱，漂走多数活苗后，用砖头压在池塘水里，派人看管，防止风吹浪打和鱼类、青蛙等把苗弄到箱外或吃掉。待活苗大部游走，把苗箱在水中再漂几次，使剩余的活苗全部漂游到池水里，再把苗箱取出沥水后过数，这种办法适合于数量多的。另一种是全部测定，即把运来的蟹苗全部放在大网箱里，捞出活苗，所剩死苗沥水后称重过数。

第四章

蟹种培育技术

蟹种的培育是降低生产成本的重要措施，也是从源头控制蟹种质量好坏的关键之举。

一、鉴别和选好苗种的意义

鉴别和选好河蟹苗关系到能否培育出好的蟹种，选好蟹种又关系到能否养出优质的商品蟹。如果河蟹苗种选不好，就要造成重大损失。曾经有养殖户投入 14 万元购买的非长江的蟹种放在 24 亩水面养殖，回捕率只有 5%，蟹的个体也较小，回收资金只有 7 万元。相反，选购到好蟹苗好蟹种的都盈利。因此，选购好河蟹苗种，非常重要。

二、苗种质量鉴别

（一）河蟹苗的质量鉴别

天然蟹苗混杂问题较大，不仅常有直额绒螯蟹、狭额绒螯蟹苗混在其中，而且还有大量的螃蜞苗。许多苗在收捕、淡化过程中几乎全部死光，损失惨重。这些苗与河蟹苗的特征有明显的区别：河蟹苗眼睛较大，色白黄而明淡，额缘较尖锐，第五胸足末端是 4 根等长的刚毛，放在台面上是横爬或侧行，放在盆水中是沿边有规则地结群游行，体型较大，每千克 14 万～20 万只；而螃蜞眼睛较小，色白，额缘较钝，第五胸足末端是 4 根不等长的刚毛，放在台面上足向前爬，放在盆水中有不规则游动，蜕变成幼蟹后，头胸甲不像河蟹那么圆，而是呈方形。

人工繁育蟹苗虽然较纯，但是有少数人利用价廉的杂种蟹、小老蟹、早熟蟹等作亲蟹繁殖的所谓蟹苗卖给养殖户。

不论是天然蟹苗、人工繁育蟹苗，都需要注意质量问题。

（二）蟹种的质量鉴别

1. 纯杂鉴别 直接捕捞和利用天然蟹苗培育的蟹种常有一些杂种混在一起，其中以日本绒螯蟹、直额绒螯蟹、狭额绒螯蟹、螃蜞居多，前面已介绍，它们的主要区别，此处略。

2. 质量鉴别

（1）体色 背甲青黄，壳色鲜艳光亮，似一层油膜，如果失水时间太长，喷水不及时，背甲则呈枯黄灰色。

（2）活力 翻仰后能迅速翻正，则可判断为健壮蟹。在 0℃以下选蟹种时，不能认为蟹不动就是死的，应将蟹种放在手掌心暖和几分钟再放在 5℃以上的水中观察，如果蟹种开始活动，则为活蟹。

（3）健康状况 看蟹种是否结构完整、甲壳受伤和各种病态，特别是选北方的蟹种要特别注意，因北方一般在入冬前把蟹种捕放到事先准备好的铺有网片的小池塘里越冬，这种蟹种因在有网片的小池塘里暂养时间较长，磨爪严重、断腿掉腕、前节、趾节的也不少，翌年春天放养时脱壳困难，影响成活率。这种蟹种不能作为优质种。

3. 早熟蟹种的特征

（1）早熟蟹 是指大眼幼体放养后当年性成熟的河蟹，它比正常生长发育的河蟹提前 1 年多性成熟。在一般情况下，早熟蟹占总数的 15% 左右，这部分蟹在翌年 5～6 月份大部分要死亡。据笔者调查，雌蟹死亡率在 95% 以上，雄蟹死亡率在 90% 以上。

（2）鉴别　看外部形态主要特征。生产上常用的是"三看"：一看腹脐，雌蟹脐圆，覆盖全部腹甲，周边长出密而长的绒毛；雄蟹腹脐凸出于腹甲后缘；二看胸足，性成熟的步足有粗而长的刚毛，雄蟹螯足掌节环生浓密而纤软的绒毛；三看体色，背甲墨绿色为早熟蟹。

（3）产生早熟蟹的原因及控制措施　早熟蟹的比例较大，主要是草少，水浅温高，放苗时间早，密度又过小，当年生长期过长，投喂动物性饵料过多等原因造成的，特别是盐度和钙离子（Ca^{2+}）偏高影响较大。

控制早熟的措施：一是育种场地应水深面阔，水草多；二是放的蟹苗以中、晚苗为主；三是放苗密度每亩15万只左右；四是饵料要充足，保证蟹吃饱吃好。高温季节控制动物性饵料投喂量，不宜喂小海鱼。

4. 小老蟹的特征　人们把翌年成蟹起捕时仍和蟹种的规格差不多的被称为小老蟹，这种蟹翌年 5～6 月份大部死亡，只有少数仍可脱壳生长。

5. 幼蟹个体生长发育的差异及其缩小措施　为什么在同样的生态条件下个体生长发育会有较大的差异呢？主要有两个原因：一是遗传方面，主要是脱氧核糖核酸（DNA）结构的差异产生了不同结构的蛋白质，使河蟹个体在胚胎发育阶段产生差异；二是小生境不可能完全一样，因为"同一物种在不同分布区可能有不同的生态位；同一物种在生活史不同阶段也有不同的生态位"。小生境不同影响着个体生长发育，特别是河蟹的好斗、争食、弱肉强食的特性，使大的越长越大，小的越长越慢，因而个体生长发育差异很大。

"懒蟹"也是属于河蟹个体生长发育差异的一种。由于水草少、水位变动大、水体溶氧量低、投喂饵料不足、不匀、养蟹密度过高等原因而长期栖居在远离水面的洞穴里，懒得出来活动和觅食造成的。

缩小个体发育差异的措施：主要是改善养殖水体条件，选择水位差变动不大的水域和控制其差距；水草应占总水面的 1/3～1/2；投饵均匀；养殖密度不宜过大。

三、仔蟹和一龄幼蟹的培育

由于蟹苗体小抗逆性差，直接放养的成活率一般只有 1%～5%。因此，需要把蟹苗培育成幼蟹再放养。可把幼蟹分为仔蟹和一龄幼蟹两个阶段进行培育。

所谓仔蟹，是为了与一龄幼蟹相区别而称的，在人工养殖中，仔蟹仅指蟹苗经过培育长到六期幼蟹这一阶段，一般为 3 000 只 / 千克以上。

所谓一龄蟹种的培育，即蟹苗进入蟹种池中培育。这一阶段的规格一般为 1～30 克 / 只。

（一）生态习性和对培育环境的要求

蟹苗一次脱壳后的仔蟹，平均体重 10 毫克以上，附肢已成雏形，能掘土，营底栖生活。三期幼蟹开始在底泥打洞，穴居生活，怕光喜暗，傍晚觅食，以爬行为主，能攀爬、跃水，喜在水草中出没，防御敌害能力比蟹苗强。

仔蟹经生长成为一龄蟹种后，以爬行为主，能钻洞、凿穴，能攀高、游泳。

培育仔蟹和一龄蟹种的环境，要安静，背风向阳，水温、水深适宜，水源充足，水质清新，底质平坦，淤泥少，不漏水，水草茂盛，其覆盖率达 2/3 以上，天然饵料丰富，敌害少，溶氧量在 5 毫克 / 升以上。pH 值 7.5～8.5，水的透明度为 10～30 厘米。

（二）培育方式及清整、消毒、施肥

先放干池水，挖去淤泥，修补塘埂、堤埂漏洞，曝晒半个月后再放水。在蟹苗放养前 10 多天进行培育池消毒，每亩用生石灰 75～80 千克加水化开，未冷却前全池均匀泼洒，池中须积水深 5～10 厘米，经 7～10 天，加注新水。幼蟹下池的 3～5 天，每亩施 200～300 千克生物肥，以培养浮游生物饵料。水泥池在培育前 1～2 天，用 200 毫克/升漂白粉液消毒，待余氯消失后再用密眼网布过滤注入清洁的淡水。

（三）仔蟹培育

培育仔蟹有两种情况：一是利用早蟹苗培育，二是利用中、晚蟹苗培育。这里介绍后者。

4 月 1 日之后的蟹苗称中、晚蟹苗，中、晚蟹苗培育仔蟹一般在露天进行，要求水温 20℃～26℃，晴天，放苗时间在早上或傍晚，池面栽水草应占面积的 1/2 左右。如放苗前、后 5 天内有暴风雨，应在池面水草多的地方放些芦席、草苫等遮盖物。其方式方法主要有水泥池培育、网箱培育、土池和稻田培育 4 种：

1. 水泥池培育仔蟹　水泥池培育仔蟹，具有密度大，内地面积小，操作和捕捞方便等优点，但造价高昂，管理要求精细。

（1）结构与设施　水泥池一般为长方形，要设置进、排水系统，出水口处要有网罩。并安装纳苗管，池顶要有遮阳物，池底进水处要稍高于排水处，呈一定的坡度，池底要铺 3～5 厘米厚的沙土，面积 20 米^{2}左右，水深因发育阶段而异。蟹苗阶段要求池深 1 米左右，水深 15～30 厘米，如果水太深，因水压大，刚脱壳仔蟹在水底易窒息死亡。如水温低，池内水草多，可适当加深。池内要放占总水面一半的水草等作为附着物。

（2）放养密度　蟹鱼混养一般每平方米放养蟹苗 1 000～1 200 只。如要放鱼种，只能在 IV 期幼蟹后放花白鲢等，肉食性鱼类不能放养。

因仔蟹喜居阴暗处所以池内光照强度不得超过 2 000 勒。

（3）**饵料投喂** 前已有述，此处略。

（4）**水质管理** 水泥池培育仔蟹极易造成水质恶化而使蟹苗死亡。因此，不断地换水排污是提高仔蟹成活率的一项关键措施。换水的方法主要是靠不断交换的微流来保持水质清新，每隔 5 小时左右换 1 次池水。排污方法有二：一是应用虹吸法，即把虹吸管一端插入池底，另一端放在池内排污小网箱内，池内一端慢慢移动，使池底污物及其产生的硫化氢等有毒气体排出池外，被排在箱内的少数仔蟹，随即拣起放回原池；二是在接近水泥池尾端挖一个面积 0.6 米^2、深 10～15 厘米的水池，上盖筛绢，下设排污管排污。水质管理还应使水含盐量由少到无，成为纯淡水，同时注意换水过程中温差的变化，要求温差不能超过 3℃，绝对不能使用井水直接注入仔蟹培育池。

（5）**分池放养** 蟹苗脱壳 2～5 次后，变为仔蟹，个体由 160 000 只 / 千克变为 4 000 只 / 千克以上，体重增加了近 40 倍。因此，要及时分池。

（6）**防逃、防敌、防暴风雨和高温** 池墙顶加防逃盖板，如硬塑膜、玻璃等盖板；水泥池内壁不要弄湿，在防逃的同时也要注意防止敌害生物窜入池内危害仔蟹；对已窜入的要及时捕杀。要经常收听天气预报，如有暴风雨、高温，应提前采取预防措施。

2. 网箱培育仔蟹 网箱培育仔蟹要求在水质清新、无大浪、水深面阔、安静的水域进行，如大的河沟、湖库、池塘等均能培育。主要优点：成本低，成活率高，捕捞方便，适于不同的培育规模。

网箱应设置在符合要求的水域，水深 1.5～2 米。要通电、通路，便于看管，用竹竿把网箱支撑在水面，箱顶露出水面 15～25 厘米，箱内放占箱面积 1/2 的绿萍、水花生等水草，箱距 1～2 米。

3. 土池培育仔蟹

（1）**蟹池规格与结构**　土池面积一般为0.1～1亩，时间长的还可再大一些，放苗种前15天要整好池，每亩池用75千克生石灰撒于10厘米深的水内消毒，池底平坦，少淤泥，无敌害，并应有一定的坡度。坡度大小因底质而变。沙土为1：2.5～3，黏土为1：1.5～2；壤土为1：2～2.5。进、排水口都要设置1.5～2米长的砖墙，进水口应比排水口稍高。池深1.2米，保持水位0.6～0.8米。如水位下降应注入新水，一般每隔4～5天注水1次，每次注水深10～20厘米，待大批仔蟹脱壳时，再适当降低水位。

（2）**放蟹苗的时间和密度**　一般待气温升高，水温升至15℃以上时放蟹苗，每亩16万～80万只。

（3）**施肥和投饵**　蟹苗入池前3～6天，每亩池里施200～300千克发酵的有机肥料，以培育浮游生物。在蟹苗入塘后，每天需要全池泼洒豆浆1.5～2千克/亩。根据仔蟹喜在岸边浅水处活动的习性，也可在在岸边投喂豆饼、麦麸等饵料。每天投喂2.5～3千克/亩；15天后每天投喂5千克/亩，1天投喂2次，上午投1/3，傍晚投2/3。20天左右，就可转入其他水域养殖。

（4）**日常管理**　要经常检查，做好防暴风雨、防敌害、防缺氧、防逃、防烈日暴晒等工作。

土池水温难控制，在养殖过程中主要是通过调节水层深浅来控制水温。

（5）**捕捞**　如需出售或远距离放养，则要进行捕捞。冲水诱捕为常用方法。

在培育池入口处铺塑料薄膜9米^2（3米×3米），呈拉网形，薄膜周围用底泥压实，靠岸一边高出水面30厘米，在薄膜靠水边两角埋塑桶。然后向池中冲水，豆蟹即逆水向进水口集中，此时一部分仔蟹回爬时掉入桶内，另一部分在池水群集的仔蟹可用小捞海在边坡处轻轻捕捞。如此反复3～4次，起捕率可达80%

以上。此法在夜间进行，同时配以灯光诱捕，效果更好。此法也适用于捕捉扣蟹。

（四）一龄蟹种培育

一龄蟹种的培育，有的是利用蟹苗直接培育的，也有的是用仔蟹培育的，培育的方式也是多种多样的。下面主要介绍土池培育一龄蟹种方法

1. 蟹池规格与结构　要求蟹池为东西向长方形，四角略呈弧形，面积 1～30 亩，蟹池深水区和浅水区，视面积大小确定池四周挖沟的宽度，即深水区的大小，池大要大一些，围堤底部地平线处向池内留 1～2 米不挖，这部分同池中间不挖的部分作为浅水区。深水区水深达 1.5 米，面积占 1/4～1/3。为便于蟹种在天气突变时迅速退居深水区，还应在池内挖"十"形或"井"形的沟，宽 2 米，深 0.5 米，沟距 5～10 米。浅水区保持水深15～40 厘米，并栽种水花生、伊乐藻等水生植物或有利于蟹种生长的水草，围堤坡比 1∶3～4。

蟹池挖好后要清整消毒。

2. 防逃措施　蟹种在气候闷热、雷阵雨、水质变坏等情况下会逃跑。因此，要建好防逃设施。在培育过程中，经常巡塘，看防逃设施有无破损，如有应及时修复。

防逃设施不仅能防蟹种逃跑，而且能防敌害入侵，具有双重作用，一定要搞好。

3. 保护脱壳蟹　刚脱壳的幼蟹防御能力很弱，如遇敌害攻击或恶劣环境，都会导致脱壳不遂，直至死亡。

（1）**要创造良好的脱壳环境**　要有充足的氧气、适宜的水温、适度的光照和隐蔽的场所，在幼蟹脱壳期间，水中应保持一定的钙离子浓度，并要在饵料中添加钙和脱壳素。

（2）**放养密度**　密度大小要合理，对初养者来说，密度宜小不宜大，因为密度过大，自相残杀的机会增多，脱壳难，死亡率

高，就会造成重大损失。密度大小还要随个体大小而变，个体大的，密度要小；反之，要大。一般来说，放养密度按分级放养的办法，先密后稀。

（3）**投喂饵料** 饵料要保质保量，保证幼蟹吃饱吃好。

（4）**放养规格一致的蟹苗或仔蟹** 尽量使群体同步脱壳，减少自相残杀的机会。

4. 分级放养 所谓分级放养，就是随着蟹种个体的增大。蟹池面积也相应扩大，使蟹种保持合理的密度，使幼蟹生长速度加快。这种方法对解决池塘养蟹个体偏小的问题也有一定的作用。分级放养主要有以下几点：

（1）**分级放养规划** 一般暂养池为1%左右，一级养殖池为20%～25%，二级养殖池为25%，三级养殖池为50%。

（2）**扩大面积，稀疏放养** 由暂养池到一级放养池，再由一级放养池到二级放养池，二级放养池到三级放养池，均可采用"子母"串联的方法扩大，即蟹苗在暂养池内暂养到三期幼蟹时，立即引入一级放养池，仔蟹个体再增大，再放进二级放养池。然后，再从二级到三级放养池。

（3）**三级放养** 要使幼蟹个体增大后仍能正常生长发育，必须扩池分级放养，目前一般分3级。第一级放养：将蟹苗暂养20～25天，仔蟹头胸甲宽由2毫米增至10毫米左右，这时的放养密度为8万～10万只/亩。第二级放养：仔蟹经过20～30天的饲养，头胸甲宽由10毫米增至20毫米以上，这时的放养密度为4万～5万只/亩左右。第三级放养：幼蟹再经过1个月左右的饲养变为大蟹种，头胸甲由20毫米增至30～40毫米，个休重达5～10克及以上，这时再将其疏放，密度一般为2万～3万只/亩。

（4）**幼蟹分池饲养的捕捞方法** 一是水流刺激法，利用幼蟹逆流而上的习性，先将蟹池内的水放掉一半左右，然后再将无蟹池里的新鲜水往有蟹的池中放，幼蟹就会逆流而上进入扩大的蟹池里，以达到分池的目的。二是人工捕捉法，利用仔蟹趋弱光、夜间活动的习性，采取灯光诱饵放在扩大的池里，引诱仔蟹进入，以达分蟹疏养的目的。

近几年蟹苗价格较低，多数人都把蟹苗直接放入池中养殖扣蟹，每亩放苗量为 0.75～1 千克。

（5）越冬管理　每年 11 月份，一龄蟹进入越冬阶段。越冬前 1 个月应强化饲养管理，多投高蛋白饵料，促蟹肥壮，入冬后提高水位来保持底层水温的相对稳定，加强防逃措施，防蟹逃跑。越冬期间遇到温暖的天气，幼蟹会在向阳的池坡活动，应投喂些饵料供觅食，如发现水面结冰，应立即敲破冰面，以防缺氧。

（6）捕捞　越冬期间一般不捕捞。因为蟹种绝大多数都打洞或潜伏草根等隐蔽物处，捕捞很困难，而且易伤蟹种；在冬前捕捞的蟹种应暂养或直接放入养成水面养殖；在开春后捕捞蟹种应在蜕第一次壳前进行，以防伤蟹过多或影响脱壳生长。

幼蟹捕捞的关键是适时，在北方地区幼蟹的最佳捕捞季节在 10 月中下旬，过晚水温下降甚至塘口封冻，幼蟹活动量减少，大部分打洞和卧入底泥，很难出池。

蟹种捕捞的方法较多，主要有 2 种：一是地龙断网捕，捕时放排水，诱蟹多活动，增加捕量；二是干池徒手捕和挖洞捕。

在长江中下游蟹区，12 月份至翌年 4 月份把蟹池内的水花生捞起堆以若干个稍高出水面的草堆，隔 2～3 天用拉网抄捕一次效果很好。反复放注水，重复操作几次，可回捕幼蟹 90% 以上。

在北方地区，幼蟹捕捞后，多数不能如期卖出，早出的幼蟹要通过一段时间的暂养。暂养的方法，可在水泥池中暂养，也可在土池中暂养，短时间的暂养也可在网箱中进行。

第五章

池塘养殖技术

养殖成蟹的方式很多，从养殖时间来看，有当年育种当年养成商品蟹；也有第一年育种或直接放苗，第二年养成商品蟹。从养殖的规格来说，有生产大规格商品蟹和生产小规格商品蟹。从养殖的生态条件来说，有池塘养蟹、稻田养蟹、工厂化养蟹等、湖泊水库养蟹、草荡养蟹、网箱养殖。现就池塘养殖加以介绍。

了解生产大规格商品蟹的配套措施；掌握池塘条件下生产商品蟹的技术；掌握商品蟹暂养、运输和食用。

一、生产大规格商品蟹的配套措施

近几年来市场大规格商品蟹虽有所增加，但还远远不能满足国内市场和出口创汇的需要，且价高畅销；相反，小规格商品蟹仍占较大的比重，滞销价低。河蟹规格变小的原因有以下几条：

第一，亲蟹个体偏小。河蟹人工繁育收购的亲蟹多数个体偏小，甚至有些把蟹种里挑出来的早熟蟹、成蟹中单挑出来的小老蟹和早繁苗生产的一龄蟹作亲蟹，由于遗传等原因，大大降低了河蟹苗种的质量，影响了成蟹养殖效益。

第二，控制蟹种个体发育过分。由于蟹种个体大，早熟蟹的比例也较大，有些养殖户就通过过分地控制蟹种个体发育的办法来控制早熟。有些蟹种密度过大，每亩达8万～10万只扣蟹；

有的限饲过度，几天甚至几个月不投饵，有的虽然投一点饵，也是量少质差，引起蟹种互相争食残杀，降低了成活率，特别是严重地限制了个体发育长大。这样培育出来的蟹种多为1～3克/只。用这种蟹种养成商品蟹的规格多数偏小。

第三，异地养殖。长江流域调进辽、瓯、闽及黄河口的蟹种较多，这种留种养成商品蟹的个体多比长江流域蟹种养域的小，50～100克/只占多数；这些蟹异地养殖也长不大，是由于物种与环境相适应。

第四，养大规格商品蟹的方法不对。塘养的强化饲养管理不够，大水面、围湖养蟹的有些密度过高，有的水草太少，投饵不足，因而也有相当一部分商品蟹个体较小。

二、池塘养蟹

为了发展河蟹养殖业，需充分利用各种生态条件的水域。水域生态条件不同，所采取的技术也有所不同，现介绍池塘养殖技术。

池塘养蟹是20世纪80年代中期发展起来的一种精养半精养的方式，也是单产、效益较高的方式。池塘养蟹的发展对提高河蟹产量，增加农民收入有很大的意义。

（一）蟹池建设

1. 选点　要求选水源充沛、水质清新、环境安静、背风向阳、底质较硬、通电通路的地方建池。

2. 建池　蟹池的形式较多，有四周挖深水区作堤，中间作浅水区的，也有大池中挖筑许多小沟垅的等等。例如，中间挖深水区，四周作浅水区，边上筑堤的蟹池，每池5～10亩或再大一些，挖池内土在周围筑垅。要求垅顶宽1米以上，坡比1:3以上，中间深水区面积占2/3左右，池深1.5～2米，能保持水深0.8～1.5米，四边浅水区面积占1/3左右，能保持水深

30～40 厘米。又如，四周挖沟筑堤，中间开沟作蟹道。蟹池每池 10 亩或再大些，边沟宽 4～6 米，深 0.8～1.2 米，中沟宽 1～2 米，深 0.4～0.6 米，沟内深水区面积 1/3，沟上浅水区面积占 2/3。不论哪种形式，都要设高灌低排水系统，选购价廉适用的材料作防逃设施，如砖、钙塑板、水泥板、石棉板、玻璃钢和塑料薄膜等。

（二）蟹种放养

1. 蟹池清整消毒 在蟹种放养前 15 天，每亩用生石灰 75～80 千克化开后全池泼洒。如是老池，还要先彻底清除淤泥和杂草。清池 1 周后栽种"水花生"、深水区栽种苦草、轮叶黑藻和伊乐藻等水草，使水草覆盖池水面积的 2/3。栽后灌水 10 厘米，使其扎根。

2. 留种选购 如果选用一龄蟹种，一般选每千克 100～200 只的肢体健全、体质强健、无病无伤的放养。

3. 放养时间与密度 当年 12 月下旬或翌年 1～6 月份放养；放养密度依扣蟹种规格、蟹池条件和饲养管理水平、养成要求等因素而定。如蟹种规格在 80～120 只 / 千克，要求出池规格达到每只 125～200 克的，每亩可放蟹种 600～800 只；如蟹种规格为 120～300 只 / 千克，要求出池规格每只达到 100～150 克的，每亩放蟹种的 800～1 000 只；如蟹种规格每千克 300～500 只，要求出池时每只达到 125 克以上的，每亩放 1 000～1 500 只，如果放当年仔蟹养成的应每亩放 1 600 只以上；初养且本地养殖条件又不佳的，则少放一些，且应晚放，放大的蟹种。

4. 放蟹种前注意事项 外地购进的蟹种应在水中浸泡 2～3 分钟，取出 10 分钟后，再放入水中浸泡 2～3 次再入池养殖。

放蟹种时应考虑以蟹为主配比混养的问题。根据具体情况确定鱼虾品种、数量、规格和投放时间，以做到互补、充分合理利用资源，提高效益。

（三）合理投饵

每年 3 月下旬或 4 月上旬，当池塘水温达到 5℃以上时可开始喂料。

1. 饵料类型 动物性和植物性饵料，此处略。

2. 投饵量 一般投喂量为扣蟹总质量的 3%～6%，具体视条件不同而不同，以河蟹吃完剩余一点为好，此外视天气、水温、水质等状况以及河蟹摄食情况，灵活掌握，及时合理进行调整。如气压低，少投喂；阴雨天不投喂。

3. 投饵方法 基础饵料主要靠螺蛳，在放蟹种时和养蟹中期两次投放，每亩总量 300 千克左右；日常饵料主要靠颗粒料、鱼、麦等；投饵一般每天 2 次，上午 8～9 时投 1 次，傍晚再投 1 次，并以傍晚为主，其量应占全天的 70%。投喂方法是"四定四看"，即定时、定点、定质、定量投喂；看季节、看天气、看水质、看河蟹摄食情况，确定投饵量。主要在岸边和浅水处多点均匀投喂。投放食台以估计摄食情况。各阶段投料不同。三期幼蟹至一龄蟹种阶段，应以小鱼、小虾和商品料粉碎打浆制成糊状投喂，一龄蟹种至成蟹阶段要把饵料加工成一定规格大小（如畜禽下脚料切成蚕豆粒大小块、马铃薯刨成丝、麦芽等）再喂，成蟹阶段的饵料一般不加工，但黄豆、玉米要煮熟再喂。蟹种刚放进池时，要以动物性饵料为主，植物性饵料为辅。河蟹生长中期应以投喂植物性饵料为主，搭配动物性饵料，后期多投喂动物性饵料，做到"两头精，中间青"。

（四）水质管理

1. 根据不同季节管理水质 春季水深控制在 0.8～1 米，夏季水深应控制在 1～1.5 米，秋季要勤换水，冬季要保持水深 1.2 米以上（长江以南），做到"春浅、夏满、秋勤、冬深"。

2. 根据天气变化状况管理水质 要及时定期灌注新鲜无污

染的符合渔业水质标准的水。换水次数、时间和换水量由天气变化状况决定。通常春末夏初每 10～15 天换 1 次水，每次换水1/3；6～8 月份每周换 1 次水，每次换水 1/3～1/2；秋天如发现水质变坏或遇闷热天气，要及时换水。换水时可结合增氧进行，特别是在夏秋闷热天气更为重要。

3. 根据水质监测情况管理水质　要定期测定氨氮、亚硝酸盐、溶氧量、pH 值和水的透明度，观察河蟹摄食情况，注意收听天气预报。根据监测情况及时采取相应对策，如 pH 值变低、透明度低、水色变浓、河蟹背甲色深黑、腹部出现水锈、步足末端变黄等，每亩水面用生石灰 15 千克，化成水后全池泼洒，连续使用 2～3 次，每次间隔 5～7 天，以调节水质，增加水中钙的浓度，促进幼蟹生长；如溶氧量低于 4 毫克 / 升，则应采取增氧措施。如水源有问题，还可用微生态制剂净化水质。有条件的，采用微孔塑管暖气增氧效果更好。

（五）日常管理

1. 经常巡池　早上主要是检查有无残饵，以便计算当天的投喂量，并打扫清理饵场；中午主要是测水质，观察池水变化；傍晚或夜间主要是观察了解河蟹活动，摄食情况，发现问题及时解决。

2. 经常检查、维修和加固防逃设施　暴风雨时应注意做好防逃工作。

3. 保护河蟹安全脱壳　通过栽种水草提供隐蔽场所防止敌害侵袭，改善脱壳环境，多喂动物饵料。此外可用颗粒配合饲料并在饵料里掺入 0.1% 的脱壳素。

（六）敌害、疾病防治

1. 敌害　主要有老鼠、青蛙、水鸟等，要及时灭鼠，清除池内蛙卵、蝌蚪、消灭水蜈蚣。

2. 病害 河蟹在池养条件下病害较多，应及时防治。

（七）成蟹捕捞

成蟹捕捞不能过早，也不能过晚，过早性腺发育不充分，黄不满膏不多，肉质差；过晚特别是入冬池水封冻蟹打洞难捕，而且死亡多。因此，要适时捕捞。捕捞时间，辽蟹在9月份、瓯蟹在11月份中旬至12月下旬、长江蟹一般在10月上旬至11月中旬，方法是：①地笼和断网捕获。每2～4小时起网取蟹1次。②放水捕蟹。在出水口驻上蟹网，通过放水位蟹进入网内捞之。③徒手捕捉。利用河蟹晚上爬上岸觅食的习性，用电筒照捕。④干塘捕蟹。捕蟹应注意不要漏捕，要在封冻前捕完，捕后不能及时卖出的要立即暂养。

（八）商品蟹暂养

对捕起来的商品蟹，一时来不及销售，或等待货少价高时出售，或等待外运出口，都需集中暂养。

三、蟹池水质管理

掌握水质管理中几个关键理化指标的控制；能辨别4种优良水色的类别及维护；掌握5种不良水色的原因与处理；掌握水产养殖池塘中的常见藻类图谱。

水质好坏直接影响到河蟹的生长和发育。水质管理是河蟹养殖取得优质高产的重要保证。"养蟹就是养水"，有过多年养殖经验的养殖户对此都有深刻体会。三天两头看到水色剧烈变化，心里就会很焦急。有些池塘水色长期稳定在黄绿色，即使刮风下雨也不会剧烈变化，此种池塘河蟹养成规格一般都较大，有套养青虾的，青虾产量也很好。那么，如何调节稳定水质呢？

（一）理化指标

水质管理中几个关键理化指标的控制如下。

1. pH 值　水的 pH 值是水质的重要指标，海水养殖 pH 值一般控制在 7.5～8.5，淡水养殖 pH 值一般控制在 6.5～9。pH 值过高或过低，对水产养殖动物都有直接的损害，甚至会造成死亡。pH 值低于 6.5，削弱水产动物血液载氧的能力，造成水产养殖动物自身患生理缺氧症。尽管当时水中的溶解氧较高，但河蟹等水产养殖动物仍会缺氧。pH 值偏低可以定期使用生石灰水全池泼洒过。pH 值过高的水则可能腐蚀河蟹鳃部组织，使河蟹等失去呼吸能力而大批死亡。同时，pH 值增高，也增强了氨氮的毒性。

如果 pH 值高达 9，需要换水，或者泼洒明矾等降低 pH 值的药剂。

2. 溶解氧　是水产养殖动物的生命要素，水产动物在水中需要呼吸氧气，缺氧可使其浮头，严重缺氧还会造成水产养殖动物死亡。河蟹的养殖水域溶氧量应保持在 5～8 毫克／升，至少要保持在 4 毫克／升以上。轻度缺氧河蟹虽不至死亡，但河蟹出现烦躁，呼吸快，河蟹的生长速度会变慢；河蟹在溶氧量 2.5 毫克／升开始浮头，在 1.5 毫克／升窒息死亡。

养殖后期可以定期使用增氧型的药剂（如氧化钙）改善底质，减少耗氧因子。

3. 氨氮　水体中的氨氮主要来源于饵料、水产动物的排泄物、肥料和动植物遗骸。氨对水产动物的毒害依其浓度的不同而不同，低浓度会破坏水产动物的皮、胃、肠道的黏膜，造成体表和内部器官出血，高浓度会使河蟹急性中毒而死亡。防止养殖水体中氨氮浓度过高的措施：避免饵料浪费和残饵积累、腐败变质，引起水质恶化；经常开动增氧机，促进饵料的自然转化，减少积累；氨氮一般不能高于 0.2 毫克／升。

养殖中后期，经常改善底质，吸附氨氮，同时使用微生态制剂降解有机物。

4. 亚硝酸盐　亚硝酸盐是氨在转化为硝酸盐的过程中的中间产物，在氨转化为硝酸盐的过程受到阻碍，中间产物亚硝酸盐就会在水体中积累。养殖水域中有亚硝酸盐存在，使河蟹血液中的亚铁血红蛋白被其氧化成为高铁血红蛋白，从而抑制血液的载氧能力。河蟹长期处于高浓度的亚硝酸盐的水中，影响摄食和生长。一般应将水中的亚硝酸盐控制在 0.1 毫克 / 升以下。

亚硝酸盐偏高，需立即换水，或增加溶氧量加速亚硝酸盐的转化，也可以用硝化细菌＋葡萄糖降解，还可以肥水培育硅藻，辅助亚硝酸盐的转化。

（二）四种优良水色的类别和维护

优良水色是指符合养殖水质的标准“肥、活、嫩、爽”，增氧机打起的水花为白色，如有泡沫很快就消失。优良水色关键是需要保持藻相的稳定持久。

1. 茶色、茶褐色　这种水色的水质较“肥、活”，施肥量适中，水中的藻类主要是硅藻，如三角褐指藻、新月菱形藻、角毛藻、小球藻等，这些藻类都是水产养殖动物的优质饵料，此外还有圆筛藻，舟形藻等，生活在此种水色中的养殖对象活力强，体色光洁，摄食消化吸收好，生长速度快，是养殖的最佳水色。

2. 淡绿色、翠绿色　这种水色的水质看上去嫩爽，透明度在 20～35 厘米。肥度适中，水中的藻类主要是绿藻，常见的绿藻有小球藻、海藻、衣藻等。绿藻能吸收水中大量的氮肥，净化水质，水产动物在此环境中生长快，体色透明。

3. 黄绿色　为硅藻和绿藻共生的水色，我们说“硅藻水不稳定，绿藻水不丰富”，而黄绿色水则兼备了硅藻水与绿藻水的优势，水色稳定，营养丰富，此种水色养殖的水产动物活力强，

体色光亮，生长速度快。

4. 浓绿色水（浓而不浊） 这种水色的水质看上去较浓，多见于养殖中后期，透明度在 10 厘米左右，水中的藻类以绿藻为主，水质较肥，但活、爽，水中悬浮颗粒少，有利于减缓水产动物对环境与气候变化的应激反应。

优良水色维护的关键是需要保持藻相的持久、稳定。

（三）五种不良水色的原因与处理

1. 暗绿色及墨绿色水 此种水色发生的主因，系水温升高，河蟹池老化及池中有机物大量增加，导致原来以绿藻为主的藻相转变成以蓝藻为主、绿藻为辅的藻相。蓝藻越多，则墨绿色越明显，有时形成墨绿色水，其中的藻类以颤藻、微囊藻、胶鞘藻为主；河蟹池一旦发展到此种水色，河蟹壳多附生丝状生物，外观不佳，生长缓慢，患病的概率增大。

遇到此种暗绿或墨绿水色时，应采取措施使其转变为绿色，方法是：先换掉 1/4～1/3 的池水，然后施用杀藻剂；杀藻后增氧并改善底质，再使用微生物制剂维持良好水色。

2. 黑褐色与酱油色水 精养河蟹池由于饲料投喂较多，残饵及粪便越积越多，导致溶解性及悬浮性的有机物大量增加，由于褐藻、鞭毛藻、夜光藻、裸甲藻、多甲藻大量繁殖，就很容易出现此种水色。另外，换水较少的河蟹池、底泥较多的河蟹池、养殖后期的河蟹池亦常常出现此种水色，此种水色的透明度一般在 15 厘米以下。

处理时不需要杀藻，首先换水，然后改底处理，水色基本稳定后，施用微生物调水剂使水源保持良好水色。

3. 白浊水 形成此种水色的主要原因是池水中含有大量的浮游动物。个体小的浮游动物不能被河蟹所捕食，反而影响河蟹的栖息，降低池塘的溶氧量，使河蟹极不安定，常沿池边群游，影响其生长。如果大量的纤毛虫繁殖，常导致体质较弱的河蟹被感染。另外，由于白浊水还含有较多的有机物，各种细菌容易繁殖，河蟹容易得病。

出现此种水色时的处理方法是：首先应使用一些较安全的药物杀灭部分浮游动物，然后追肥和引入部分含藻种的新水，稳定后，泼洒一定量的微生态制剂可保持良好水色。

4. 油膜　蟹塘有油膜，增氧时产生大量泡沫，或水中黏稠丝状物很多。池塘内水质发黏发滑，或者水中黏稠丝状物增多，当开动增氧机或向河蟹池充气时，可见水面有大量黏在一起的泡沫，经久不散，水体化学耗氧量增大。主要是塘底污泥过深，或残饵粪便排泄过多，导致丝状菌大量繁殖造成。检查时用手指捻一捻池水，如果手感发涩说明水质正常；如发滑，水质一般较差。

处理方法：首先降解池塘有机物，抑制丝状菌的繁殖，减少水体表面张力，使水质清爽，驱除白色悬浮泡沫，24 小时内迅速提高水体透明度。

5. 清色水　池水澄清见底，透明度一般在 1.5 米以上，这种水色出现的主要原因是水体营养贫乏，或是水体消毒过度，或是池塘土质为酸性土壤。

处理方法：充分追肥培育浮游生物，待水色基本稳定后，可施用微生态制剂保持良好水色。若是土质过酸的问题，应先用生石灰将 pH 值调至 7 以上再用上述方法处理。

（四）水产养殖池塘中的常见藻类图谱

水产养殖池塘中常见藻类见图 5-2、图 5-3。

（五）青苔的危害及处理

1. 青苔发生的环境　一是河蟹池冬季存在有积水，开春没有排干、清池、消毒；二是在 3～4 月份放养河蟹苗前引进的水，没能及时肥好，致使水过清引起的。

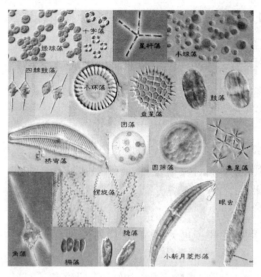

图 5-2　有益藻类图谱

池塘中青苔已经大量繁殖：青苔对河蟹养殖不利，青苔大量繁殖要消耗河蟹池的养料，使池水严重变瘦，池中的浮游生物增殖受阻，因而影响对河蟹生长。当青苔在河蟹池大量繁殖，池水有多深，青苔就有多高，随着水温、气温的升高，青苔会遍布全池，至衰老时丝体断离池底，浮在水面，河蟹一旦钻到青苔中，由于青苔如棉絮状，河蟹就无法挣扎出来，只能活活地干枯死掉。从而使河蟹的生长受阻，成活率降低。在高温季节，青苔变黄发白，有的沉底变黑，严重地危害池底，使之散发一种恶臭味，极易引起池中河蟹泛塘。

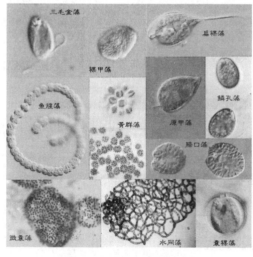

图 5-3　有害藻类图谱

2. 河蟹池中出现青苔后的处理方法

①当河蟹池未放河蟹苗而出现大量青苔时，每亩水面撒上几

千克生石灰将青苔杀灭，然后排干池水，重新纳水肥池。

②当河蟹池已放养河蟹苗而出现少量青苔时，此时应尽可能地抬高池水水位，繁殖单胞藻，使池水肥起来，让青苔难以繁殖，抑制生长。

③当河蟹池已经放养河蟹苗，青苔在池中又大量繁殖，此时应使用药物如螯合铜等清除。施用方法将其与泥沙拌匀，比例为1∶100～200。选择晴天下午溶氧量充足时施药，施药后24小时换水，直到池水溶氧量正常。

（六）"肥水"困难的原因和解决方案

"肥水"是养殖过程中的重要环节，然而在生产实践中，尤其是在养殖初期往往会遇到肥水困难的问题，现将肥水困难原因及解决方法介绍如下：

①前期水温较低，限制了藻类的繁殖速度，造成肥水困难。

解决方案：在连续晴天、光照较强时再肥水，能增强硅藻等有益藻类的光合作用。

②清塘时生石灰用量过大，水体中重金属、农药含量超标以及有害细菌的大量繁殖，造成肥水困难。

解决方案：最好使用复合碘溶液等温和型消毒剂对水体进行消毒，然后再使用生物有机酸解除水体的有毒物质，间隔2～3天后再肥水。

③水体中的浮游动物（如轮虫）较多，藻种基本被其摄食，切断了藻类的根本来源，造成肥水困难。

解决方案：苗期时可以采取减少投饵量的方法，以促使幼体大量摄食轮虫；养成期则可选用阿维菌素类药物进行局部杀灭，然后引进部分新鲜水或有水色的池塘水，再进行肥水。

④水体浑浊且透明度较低，既造成水体中的悬浮杂质容易将肥料中的有效成分吸附络合，又阻碍了藻类的光合作用，从而引起肥水困难。

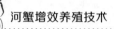

解决方案：先澄清池塘水质，提高水体透明度，然后再肥水。

⑤施用的肥料中营养元素不全面或搭配比例不合适，很容易培养出不良水色，或者根本肥不起来。

解决方案：若使用传统肥如鸡粪、菜籽饼及化肥、磷肥、复合肥时，需根据水体氮、磷、钾情况，配比使用上述肥料2～3种，再配合使用生物制剂。最好直接选用含有氮、磷、钾、硅及微生物菌种的藻类定向培养制剂进行肥水，不但省时省事，而且节约成本。

第六章

湖泊养蟹技术

我国湖泊众多，如，阳澄湖、太湖、洪泽湖等多数是河蟹生长的良好场所，目前有传统养蟹和圈围养蟹两种类型。

一、湖泊传统养蟹

湖泊传统养蟹的方式有两种：一种是 20 世纪 70 年代初发展起来的放流蟹苗直接养成蟹；另一种是 20 世纪 80 年代中期兴起的在湖泊投入大规格蟹种生产成蟹。前者以大型湖泊为主，回捕率一般为 1%～3%，后者以小型湖泊为主，回捕率在 10%～40%，目前承包者都采用分片拦围方式，有的是购蟹苗培育成蟹种后再放养，有的是直接购买仔蟹和一龄蟹种放养，效果均较好。

第一，湖泊的要求。一般来说，应选水质清新，水位较稳定，溶氧量足，水生生物饵料丰富，便于人工管理和捕捞的浅水草型湖泊作为养蟹湖泊。

第二，放养时间和密度。蟹苗的放流是每年蟹苗汛期之后 2～5 天，即 5 月中下旬或 6 月上中旬；蟹种放养时间是 11 月下旬至翌年 4 月下旬。放流密度，蟹苗每亩水面放 500～2 500 只，规格为 14 万～18 万只 / 千克，蟹种每亩放 30～60 只，规格为 100～200 只 / 千克。放流方法：蟹苗，把蟹苗箱放在水里拖动，使苗游入水中；蟹种，把它放在船上或塘边的木板上，使其爬入水中。不论是苗还是种，都应放在水草多的地方，使其隐蔽，减少敌害伤害。这样，蟹苗经 15～16 个月的生长，蟹种经 6～11 个月的生长，商品蟹的规格均可达到 125 克以上。

第三，投饵。湖泊一般不投饵，但对水草及底栖动物少的湖泊，应在第一次脱壳前和 7、8、9 三个月适当投喂些饵料。

第四，日常管理。一是严格禁在河蟹生长期间捞草，以免伤害草中的蟹，特别是脱壳蟹。二是防止进、出水口逃蟹，在洪水期更应该注意。三是养蟹湖泊应控制银鱼网和白虾网下湖，因为这些网是在河蟹生长季节作业，易造成河蟹伤亡。四是注意防止敌害。

二、湖泊圈围养蟹

湖泊圈围养蟹包括网围和箔围两种。圈围养蟹是用聚乙烯网片或竹箔围一片湖面精养或半精养河蟹的方式。此方式始于 1989 年，优点节约土地，节约成本，省工，高产优质，便于承包管理。

（一）湖泊圈围养蟹区的选择和建议

1. 湖泊圈围养蟹区的选择

①水域无污染，水质清新，溶氧量高，水流缓慢通畅。

②湖堤坚固，进、出水口少，水位稳定，水深 1～1.5 米，大水不漫网，小水不干涸。为了防止洪水期水位升高，水压加大，影响河蟹脱壳，在围区内应存放蟹种前筑暗岛，种水草，以保证蟹在任何情况下都能顺利脱壳。

③湖底底质为黏土，较硬，淤泥和有机质少。

④水生生物饵料资源丰富，水草栽种面积占湖水面积的 1/3～1/2。

⑤圈围不影响周围农田灌溉、蓄水、排洪、船只航行。

2. 圈围养蟹区的建设 一般圈围 3.33～6.67 公顷（50～100

亩）较好，面积小的20亩，大的1 000亩。

（1）**网围** 网围区周围每隔2米左右打毛竹桩或木桩，将网固定在桩上，网底部用石笼和地锚固定于底泥中，网的上部出水1～1.5米。顶部再装0.5～0.7米向内倾斜的倒网，以防蟹上网逃跑。

（2）**箔围** 用宽0.8～1.2厘米、高2米的竹片，以聚乙烯绳作横筋编成箔，每隔3米下一根木桩或竹桩，将箔固定于其上，箔与箔连接要牢靠，不能留间隙，箔的上端装置40厘米宽的钙塑板防止逃蟹，箔下端插入底泥15厘米，压实。

选择哪种方式建围区，要看水域、底质、水情、材料来源状况而定。有的网、箔兼用，有的下端筑土坝，上端用网或箔。竹箔插入泥里较坚实，不易被河蟹钳断，淤泥较厚的湖泊，抗倒伏效果较好，但使用年限短，制作费工时。网因制作方便，省工省时，但要有坚固的抗倒伏设备，有条件的地方，最外用水泥桩代替竹木桩。

（二）湖泊河蟹养殖技术

1. 蟹种放养

（1）**蟹种的鉴别与选购** 见第四章。

（2）**放养时间** 冬前冬后均可以，冬前应在结冰前放养，冬后应在解冻后放养，具体放养时间视各地实际情况而定。

（3）**蟹种规格和密度** 一般每亩围区可放5～20克/只规格的蟹种200～400只，经过6～7个月的饲养管理，年底每只平均可达125克以上。可搭配套养花鲢充分利用水体空间。

2. 饲养管理 湖泊圈围养蟹同传统养蟹不同，由于密度较大，要求单产高、不能"人放天养"，应强化饲养管理。

（1）**饵料投喂** 合理有效利用天然饵料；单产高的则要喂人工配合饲料。河蟹的饵料要求营养全面、新鲜、颗粒大小适合。植物性饵料喂前要浸透或煮熟，动物性饵料如块大要切碎，饵料投喂要根据季节、天气、摄食、生长情况而定。一般每千克蟹日投喂 50～100 克饲料。河蟹生活习性活为昼伏夜出，应以傍晚喂食为主。可在围区中设多点食台或在水中定点投放。饵料搭配，在 3～5 月份以动物性饵料为主、6～8 月份以植物性饵料为主。9 月份育肥，要加大动物性饵料投喂量。蟹脱壳前后增加钙、磷质饵料的投喂，添加脱壳促长素，还可以适当增加些蛋壳粉、骨粉、虾壳粉、螺虾肉等含钙多的饵料。

（2）**日常管理** 每日早、晚各巡网 1 次，如网箔设施有损坏要及时维修，并要检查河蟹摄食、脱壳、活动、生长等情况，及时清除腐烂变质的残饵和网箔中的污物。汛期、台风季节、性成熟前期对水上、水下的网箔及时检查，维修加固，以防逃。

虽然湖泊养蟹疾病较少，但仍要坚持以预防为主。有病的蟹种不能投放网内，如发现要及时剔除，防止传染。平时在饵料中适当添加大蒜素等药物，防止河蟹胃肠细菌性病的发生。

（三）湖泊河蟹的捕捞

湖泊水深面阔，蟹的密度较稀，捕捞有回捕率，需要考虑和明确以下几个问题。

1. 捕蟹时间的确定 捕捞时间应视河蟹性腺发育程度和洄游时间而定。在长江中下游，长江蟹以每年 9 月下旬至 10 月下旬为好，辽蟹应提前 30～40 天捕捞，瓯蟹应推迟 1 个月捕捞。开捕时间过早，河蟹成熟差，开捕时间过晚，河蟹已开始一年一度的生殖洄游，影响回捕率。捕蟹还应掌握它在昼夜间的 3 次活动高峰，第一次为凌晨 4 时半至 7 时左右，第二次为傍晚 4～8 时，第三次为午夜 10～12 时。在高峰期内捕蟹效果最好，尤其是第一次高峰期产量最高。合理利用河蟹的昼夜活动节律是提高其回捕率的重要方法。

2. 影响河蟹回捕量的气象因素 试验表明，在黄蟹变绿蟹之后，捕蟹量与气温高低成正相关，寒潮期间捕量较少，风向以偏北风捕量最高，风速越小捕捞效果越好，阴天捕捞效果最好，晴天次之，雨天最差。根据这些气象因素的变化，采取相应的措施，则能捕到较多的蟹。

3. 影响回捕率的趋向性　河蟹不仅有趋流性，而且有趋向性。所不同的前者主要是在幼体和幼蟹阶段，后者主要是在生殖洄游阶段。据观察，河蟹具有趋向大海方向和湖外水域方向移动的习性。根据这一习性设网捕捞效果较好。

（四）湖泊捕蟹的捕具

1. 捕捞　湖泊捕蟹工具一般有撒网、拖网、蟹簖、单层刺网、蟹钩、地笼、蟹笼等。蟹簖和地笼结合在一起作业效果较好。具体作业，不再赘述。

2. 就地暂养　一般放在用硬塑网片和钢筋或木架制成网箱里暂养，每立方米箱体可暂养 6～12 千克，暂养时间不宜超过半个月。暂养期间要保证投喂、保证水质清新，以提高暂养成活率。

第七章
稻田养蟹技术

稻田养蟹，既不影响粮食产量，又可增加经济收入，是一条很有意义的致富之道。

从经济效益来说，比单一种稻增收 3～5 倍。从生态效益来说，主要有 4 点：一是河蟹能捕食稻田害虫，减少农药用量，减轻了土壤、水质和稻谷的污染；二是河蟹的残饵粪便较多，肥效较高，从而减少化肥施用量，节约施肥成本；三是稻田水草较多，饲料丰富，水温适宜，氧气充足，是河蟹生长的理想环境。

一、稻田养蟹的主要类型与特点

稻田养蟹包括养殖成蟹和种成结合两种类型。种成结合的有两种情况：一是利用早繁蟹苗培育米蟹和豆蟹，要在水稻栽种前进行。仔蟹培育技术参照前面的做法。把蟹苗培育到水稻返青时，再在暂养池一边开口让仔蟹进入稻田，当年养成成蟹。如暂养池内仔蟹较多，可捕卖或捕放到别的稻田养成蟹。二是利用中期人繁蟹苗培育蟹种和养成蟹。可把蟹苗直接放入返青后的稻田中沟里，蟹种培育的方法参照前面分池分级放养的做法逐步扩大面积，直至达到育种和养成合理的密度时为止。直接利用扣蟹养殖成蟹的，是把扣蟹种直接放入准备好的稻田边中沟里养殖。这两种养殖类型在同一块稻田里多数是相结合的，最终目的是养成蟹，下面主要谈谈成蟹的养殖技术。

二、稻田养蟹的主要技术

（一）稻田的选择与建设

养蟹的稻田要求选择靠近水源，水质清新，无污染，底质为黏土，保水性较好，面积2～10亩，在田的四周开挖宽4～6米、深1米的边沟，将开出的土推向外1～2米筑堤，要求堤顶宽0.5～1米，底宽1.5～3米以上，高1米，蟹沟开成"井"形，中沟宽、深1.5米和0.6米，沟间距5～10米，要求沟沟相通。要建好防逃设施，目前各地多用0.7米宽的塑料薄板在边堤内侧围栏，薄板须埋入土内0.1米、高出土面0.6米，用毛竹支撑固定。进、排水口用网片接塑料薄板或建有阀门和拦网的涵洞，以在进排水时防逃，要求种养面积为6∶4。

在稻田深沟里应栽种些伊乐藻、苦草等沉水植物，以保证河蟹脱壳等需要。

（二）水稻品种选择与栽插

水稻品种应选生育期较长、耐肥秆硬、抗病虫害、产量高、品质好的水稻品种。

养蟹稻田在秧苗移栽前要施足基肥，一般每亩施人粪尿300～400千克，牛粪200～300千克，发酵后的饼肥100～200千克。

水稻栽插可采取先在小畦育秧后移秧栽插于养蟹稻田的办法。要移栽的秧苗应针对性地普遍施一次高效低毒农药，如发现有侵染性烂秧或青苔，可喷洒1∶1000硫酸铜溶液，每亩喷60千克。移栽的秧苗要健壮，采用浅水和宽行密株移栽。具体做法是：稻田里的水保持10～15厘米深，田中行株距23厘米×10

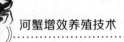

厘米，田边 3～4 行为 24 厘米×10 厘米，每亩保持 2.9 万～3 万穴，每穴 2～3 苗。如果以蟹为主，秧苗密度应减少一半以上。秧苗移栽后的 1 周内，主要是秧苗返青前，要采用网片、薄膜或土埂拦隔等方法以防止河蟹进入稻田危害幼弱的秧苗。

为了充分利用土地，在边堤两坡还可栽种些蔬菜、饲草等作物。

（三）河蟹苗种放养

蟹塘的清整消毒和苗种的选择，参考第五章。这里主要介绍河蟹苗种不同阶段、不同规格、放养时间和密度的问题。

稻田利用早繁蟹苗育种和育种养成相结合的一般在 3 月下旬至 4 月下旬，水温增至 15℃以上时，插秧前把蟹苗放进准备好的草多的边沟内养殖，每亩放养 3～4 千克；利用中期人工繁育蟹苗和天然蟹苗育种的，一般在 4 月下旬至 5 月中旬，水温增至 18℃以上时，把蟹苗放进边沟和中沟内养殖，每亩放苗 1～2 千克；利用扣蟹种养成蟹的，一般在 2～4 月份，水温达 5℃～10℃时，将扣蟹种放进边沟草多的地方养殖，每亩放种 600～1000 只。为了充分利用稻田水面资源，更好地调控水质，还可在稻田内放养鲢、鳙鱼鱼种，每亩可放养 1 千克。

（四）日常饲养管理

1. 饲料投喂　每天投洒 1～2 次豆浆或蛋黄，放苗 1 周后，逐渐改投糊状饵料，如南瓜糊、豆饼糊、马铃薯糊及一些小杂鱼糊和水草等，同时在饵料中添加 0.1% 的河蟹脱壳素。

养殖成蟹时，在清明节前后按投放 1 千克蟹种投入 50～100 千克活螺蛳，让其自行产卵繁殖生长，并适当投喂一些煮熟的小麦、玉米等植物性饵料，到 5～6 月份，水温逐渐升高，河蟹活动频繁，摄食量增大，要适当增加投喂量，同时增放一些绿萍、浮萍等。7～10 月份是河蟹生长的旺盛期，要投喂充足的动、植物饵料，同时要投足水草，11 月份以后，水温逐渐下降，可减少投饵量。投饵量要根据河蟹摄食的情况增减，如当天投的饵料都吃完，第二天投饵量就应再增一些，否则就应该减少投喂量。怎样判断河蟹摄食增减呢？检查食台饵料有无剩余来确定。一般来说，日投饵量为蟹总重的 5%～10%。1 日 2 次，上午 8～9 时投饵 1/3，下午 5 时左右再投饵 2/3。饵料最好投放在食台内或边中沟的浅水斜坡上。投饵应做到定时、定位、定质、定量。

2. 调节水质　养蟹的稻田同池塘一样，水中溶氧量应保持在 5 毫克/升以上，pH 值在 7～8.5，秧苗移入大田时稻田内水位应在 10 厘米以上，以后随着水温升高和秧苗生长逐步提高水位至 20～30 厘米，从 5 月份开始，每隔 10～15 天换 1 次水，气温超过 28℃时，每隔 2～3 天换 1 次水，每次换水深 15 厘米左右，换水时应注意田内外水温差不超过 5℃，并注意不在河蟹潜伏休息、脱壳和摄食高峰期换水。如外源水水质不良，可用微生物制剂净化水质。

3. 巡田检查　要巡田检查，每天早、晚各 1 次，查看防逃设施是否破损，进、排水道是否漏水，如有，应及时修复；观察河蟹摄食、脱壳、生长情况，及时清除腐烂变质的残饵；对发生的各种问题都要记录下来，以便查找原因。

4. 防治蟹病和药杀敌害　蟹类疾病，以防为主，除了在放苗种前对边、中沟及稻田进行全面消毒外，在放仔蟹和扣蟹种时还应用有关药液对其浸浴，在 5、6、7、8、9 五个月里，每隔 10～20 天，每亩用 10～15 千克生石灰化水泼洒在边、中沟里，并每隔 10 天在 100 千克饵料中拌噬菌蛭弧菌制剂 10～15 毫升投喂。要经常进行药杀和捕杀水老鼠、水蛇、青蛙、水鸟等敌害。

稻田养蟹还要防止农药中毒，所施农药的量要适当，既能达到消灭水稻病虫害的目的，又不大于使河蟹致死的安全浓度，几种常用农药对河蟹的安全浓度是：90% 晶体敌百虫为 0.715 毫克/升，40% 乐果乳剂为 9.43 毫克/升，硫酸铜为 2.045 毫克/升，生石灰为 15～20 毫克/升。稻田施用农药时应特别注意浓度的调配。

稻田施用农药应对口、高效，方法亦应加以改进。对口高效主要是选用高效低毒农药。施用方法应改药液泼浇为喷雾，改高浓度喷雾为低浓度喷雾，用药时尽量不用有机磷类农药，因为这类农药对河蟹毒性较大，用药后，发现河蟹会到处走动。

化肥对河蟹的毒害也较大，应以施足基肥、追施有机肥为主，施化肥为辅，水稻全生育期可施化肥 1～2 次，稻田水深控制在 20 厘米左右，每次每亩可施尿素 2.5 千克，最好不施过磷酸钙和碳酸氢铵。

5. 收获 收稻前后降低水位，将蟹赶到边、中沟里，待稻田全部露山水面后再割稻。

河蟹收捕，到 9 月下旬至 11 月上旬，可先徒手在围栏设施周边抓捕，而后再放水割稻干沟清捕；如稻田是育种养成相结合的，对性腺尚未成熟的小蟹可留在水深的边沟里，也可捕卖或捕放到别的水域养殖。

第八章
高效增养

自 20 世纪 80 年代人工配制半咸水育苗技术及海水河蟹育苗技术的相继成功并得到推广普及后，到 90 年代已形成大规模、工厂化的蟹苗生产，全国河蟹增养殖规模和产量得到迅速提高。十几年来，随着河蟹产业化的迅速推进，河蟹产量由供不应求到供求平衡再到供大于求，河蟹的价格也由低价上升到顶点并迅速回落。随着河蟹大量上市，河蟹的价格逐渐回落，其价值逐渐与价格相适应，河蟹养殖业也从暴利时代走向微利时代。当前成蟹养殖风险加大、效益下降，有产量不一定赚到钱也是常事，有规格也未必能赚到钱。

任何养殖产业的行情都具有一定的波动性，它符合市场经济的变化规律。冷静分析市场，无论何种模式养殖，都要讲究科学的养殖方法，把河蟹的品质提高上去才是根本。以前河蟹价格看规格，今后河蟹价格更加取决于其品质的高低。

科学投喂饲料降低生产成本已成为河蟹养殖节本增效的关键。目前的河蟹养殖中，以成蟹养殖为主套养青虾、鳜鱼及少量滤食性鱼类为最普遍的一种养殖模式。在这种养殖模式中投喂的饲料以小杂鱼为主，辅以颗粒饲料、农家饲料和螺蛳，其中也有以颗粒饲料为主。饲料成本占河蟹养殖整个生产成本的 50% 以上。对如何节本增效，笔者就多年的养殖总结几点心得与大家共享。

一、饲料投喂

（一）合理投喂（降低成本）

1. 依据河蟹的生长规律安排投喂　河蟹的生长适宜水温为15℃～28℃，5℃以下不摄食，10℃左右开始摄食，15℃摄食趋于正常，高温季节（水温30℃以上）生长受到抑制。所以，在前期（3～4月份）要投喂精饲料，7月初至8月中旬投喂部分粗饲料，8月下旬开始，河蟹的生长又明显加快，脱壳后的绝对增长量大幅提升，对饲料数量的要求同样大幅增长。9月下旬开始，河蟹的性腺发育加快，此时河蟹的肝胰脏体积达到最大值，同时将大量营养物质向性腺发育转化。因此，8月下旬至10月上旬的40～50天是河蟹增重的最后冲刺阶段，也是"红膏河蟹"的生产季节。强化这一阶段饲料的质量和数量是生产中必须采取的措施，饲料可以分作2次投喂，一次在下午5时左右，占全天的70%；一次在上午7时左右，饲料占全天的30%。"两头精、中间粗"是饲料选择基本原则；投喂量降低成本方面的原则是"两头宁滥毋缺，中间宁缺毋滥"。

2. 根据营养需求安排饲料组合　目前，河蟹养殖的饲料可分成4大类，有小杂鱼（包括鲜活或冻品）、人工配合颗粒饲料、农家饲料、活性饲料（主要是螺蛳）。几类饲料可以在不同季节，进行合理组合，搭配使用。2014年笔者统计的10名农户560亩养殖水面，都取得了较好的养殖效益，他们的各类饲料投喂的比例（按重量计）为：小杂鱼占71%，配合饲料占18.7%，豆或粕类占2.7%，小麦类占7.6%，每生产1千克河蟹消耗4类饲料合计为6.2千克，与当地养蟹农户相比，综合饲料系数由7.6～7.8下降为6.2，饲料利用率提高18%～22%。

（二）螺蛳投放

清明节前后，每亩投放螺蛳不超过 250 千克，建议 150～200 千克（有的养殖户贪图前期螺蛳价格便宜，一次性亩投入螺蛳 500～700 千克），让其自然生长繁育。投放过多不仅导致肥水困难，造成肥水成本增加，而且导致青苔生长，从而影响河蟹的生长发育。根据蟹池螺蛳存塘量，再补投一次螺蛳，投放量每亩 150 千克左右。

1. 了解螺蛳　螺蛳在河蟹养殖中有很大的作用，在前期不仅净化水质，而且可以为河蟹提供优良的饵料，从而弥补人工饲料营养成分的不足，而且螺蛳性寒，在高温期可以帮助河蟹驱热，从而提高河蟹耐高温的能力，减少河蟹死亡。养殖户对螺蛳的重视逐渐加大，再加上河蟹养殖面积扩大和水质污染，兴化地区的螺蛳野生群体数量大量减少，但需求量却在日益增加。

2016 年江苏省兴化地区螺蛳价格一路偏高，价格从 1 600～2 400 元/吨，需要高峰期甚至达到有价无市的地步，合理投放螺蛳的关键在于了解其生物学特性。

螺蛳为卵胎生，1 年受精 1 次，7～8 次产卵，一次产卵在 20～40 个，而且卵生长 1 年即可交配繁殖，自然条件下雌雄比例是 9:1。在 4 月份开始交配，7～9 月份为产卵高峰期。螺蛳主要以水体中的藻类和有机质，包括一些动物下脚料为食。

有的养殖户为了防止河蟹养殖后期螺蛳价格高，螺蛳质量不过关，故一次性大量投放螺蛳，有的亩均投放 300 千克，更有甚者亩均投放 550 千克，最终导致池塘水质清澈见底，青苔，泥皮滋生。这样操作不仅造成水体难肥，水体不稳定、缓冲力减小，河蟹挖穴形成老头蟹，而且导致池底缺氧。盲目的放螺蛳只会适得其反，提高养殖成本。

2. 螺蛳现状　现在随着螺蛳价格偏高，里面掺杂淤泥、小木枝、河蚌、钉螺等等。钉螺是许多水产病菌的中间寄主，容易

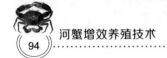

引起细菌性疾病，在挑选螺蛳时要注意。

螺蛳价格偏高，有的奸商贩卖的死螺蛳偏多，活螺蛳达不到五成。不仅给养殖户造成经济损失，而且死螺蛳携带病菌，容易败坏水质。故在螺蛳投放前需要给螺蛳消毒净身，放螺蛳后5天左右用碘消毒1次。

养殖户对螺蛳认知度不高，打样方法不得当，对自己塘口情况不了解，给以后养殖埋下隐患。比如，在早期温度低的时候采取容器打样，由于温度在5℃螺蛳还处于冬眠状态，用水浸泡高密度螺蛳很容易让那些活力差的螺蛳缺氧死亡，给打样造成误差。最好是在塘口浅水处放2～3处，铺一层螺蛳打样。

浮螺对水质要求较高，近几年养殖环境变差，螺蛳里的浮螺量减少，浮螺壳薄、肉嫩河蟹喜食，到后期养殖户用浮螺量来判断河蟹的养殖情况。

3. 养殖认知误区　许多养殖户认为河蟹在后期才吃螺蛳，其实是不对的，在前、中期河蟹就偷吃螺蛳，清明左右温度上升，螺蛳开始大量活动，河蟹用蟹钳夹住螺蛳偷食。到后期河蟹规格变大，蟹钳有力可以直接把螺蛳尾部夹碎进行摄食。

螺蛳不需要专门投喂，认为剩余残饵足够被螺蛳摄食，实际情况并非如此，螺蛳处于饥饿状态。螺蛳的公母比为1∶9，为了最大限度地发挥螺蛳繁殖性能，螺蛳的营养必须得到满足。螺蛳是一次交配7次产卵，故清明节左右交配期尤其重要。在水温达到15℃时，每吨螺蛳喂菜籽饼2.5～5千克。为防止氨氮高，在喂食前要用EM菌制剂浸泡菜籽饼2～3天。然后捣至呈糊状泼下去，每隔7～14天喂1次。

螺蛳投放并非越多越好，有养殖户把螺蛳放到每亩600千克，水体不仅长不起来而且透明见底，河蟹打洞，青苔滋生，水体不稳定。建议分两次投放，第一次放150千克/亩，第二次在上大水10天后放200千克/亩。有条件的养殖户可以分3次投放。

合理选择螺蛳及投放方式能有效降低养殖成本并提高河蟹品质和产量。

（三）选择优质饲料

在实际生产中要选择优质饲料，因为优质饲料在水体中稳定，散失少，且容易被河蟹吸收利用，产生的污染物少。建议选择信誉好的或大品牌饲料，不要为了降低这方面的成本而大大影响成蟹养殖的效果。其次要科学投喂，不要多投，否则残饵会污染水体，增加河蟹发病率。应该控制在投喂后 1～2 小时吃完为宜。

二、水质底质管理

水质好坏直接影响河蟹等水产动物的生长发育，而底质能够影响水质的好坏。据统计，85% 的水产病害是由水质问题直接或间接引起的，从而关系到养殖产量和经济效益。渔谚有"养好一池鱼，先要管好一池水"的说法。水质和底质管理是河蟹养殖中的重中之重。

（一）水质管理

通过人为的方法（如肉眼观察、仪器检测）进行分析判断，并调控养殖水质，以符合养殖动物正常生长发育所应具备的条件。

水质的每一种变化都是由一定的原因引起的。全面了解和掌握水质变化的普遍规律，在生产中根据水质变化的现象和水质检测结果，对水质问题做出合理的改良措施。据笔者了解不少养殖户甚至一些专业技术员也是一知半解，下面进行简要介绍。

1. 水质优劣的标志　水质优劣的标志是"肥、活、嫩、爽"。"肥"就是水质肥，天然饵料丰富，浮游生物多，易消化的种类多。"活"就是水色不死滞，随光照和时间不同而常有变化，这是浮游生物处于繁殖盛期的表现。"嫩"就是水色鲜嫩不老，也是易消化浮游生物较多，细胞未衰老的反映，如果蓝藻等难消化种类大量繁殖，水色是灰蓝色或蓝绿色，或者浮游生物细胞衰老均会降低水的鲜嫩度，变成"老水"。"爽"就是水质清爽，水面无浮膜，浑浊度较小，透明度一般大于25厘米，水中含氧量较高，能满足溶氧量的需求，有利于有机物的分解转化。

2. 肉眼判断水质好坏的方法

（1）看水的颜色　池塘由于施肥品种与施肥季节的不同呈现不同的水色。一般来说，肥水池的正常水色可分为两类：一类以油绿色为主，另一类以茶褐色为主，这两类池水中均含有大量易被水产动物消化吸收的饵料生物，是适合用于养殖的塘水。常见好水的颜色：水色呈黄绿色、草绿色、油绿色、茶褐色且清爽，表明水质浓淡适中。

水色呈蓝绿、灰绿而浑浊，天热时常在下风向的一边水表出现灰黄绿色浮膜，表明水质已老化，以蓝藻为主，而且数量占绝对优势。

水色呈灰黄、橙黄而浑浊，在水表有同样颜色的浮膜，表明水体的水色过浓，水质恶化，以蓝藻为主，且已开始大量死亡。

水色呈淡红色，且颜色浓淡分布不匀，表明水体中的水蚤繁殖过多，藻类很少，溶氧量很低，已发生转水现象

水色呈灰白色表明水体中大量的浮游生物刚刚死亡，水质已经恶化，水体严重缺氧，往往有泛塘的危险。

水色呈黑褐色，表明水质较老且接近恶化。可能是施用较多的有机肥、水体中腐殖质含量过多，以隐藻为主，蓝藻次之。

（2）看水色变化　水色的变化是池水"活"的证明，它有"日变化"和"旬、月变化"两种情况。一般易被鱼类利用的浮游生物大多具有明显的趋光性，由此形成池水透明度的"日变化"。此外，每10～15天水色浓淡呈周期性的交替出现，这就是"旬、月变化"。凡是水色会变化的池塘是一塘"活水"，否则就有可能是一塘"瘦"或"老"的水。

（3）**看水面有无"水华"出现** 所谓"水华"是指池塘水面出现一层云斑状有色漂浮物，这是由于某些浮游生物大量繁殖所致。有一定水华的池水属于好的池水，其中多数浮游生物能被水产动物摄食、消化，对它们的生长极为有利。但这种水溶氧量低，如遇到天气突变时，常因缺氧而导致藻类大量死亡，使池水变样、发臭，出现泛塘。为此，必须控制水华的大量出现，其方法有：减少或停止施肥或投饵；换掉部分老水后注入新水；用生石灰水全池泼洒。

（4）**看池塘下风处的油膜** 没有水华的池塘，可从其下风向处水面油膜颜色面积大小来衡量其水质的好坏。一般肥水池下风处的油膜多，粘黏发泡，并有日变化现象（即上午比下午多），上午呈现黄褐色或烟灰色，下午呈绿色，俗称"早红晚绿"。如果水面长期有一层不散的铁锈膜，则说明池水瘦而老，必须换注新水。

（5）**看透明度** 池水透明度的大小，可以大致反映池水中饵料生物的多少，即池水的肥瘦，一般透明度30厘米左右为中等肥度的水，透明度小于20厘米的为肥水，大于40厘米的为瘦水。

3. 水质管理的具体方法

（1）**调节水位** 要把握"春浅、夏满、秋适当"的原则，分3个阶段进行水位调节。3～5月份水深掌握在0.5～0.6米，6～8月份控制在1.2～1.5米（高温季节可适当加深水位），9～11月份稳定在1～1.2米。特别要注意河蟹脱壳期间应保持水位的稳定。换水时先排除池底老水，后灌入外河新鲜水。每次换水量控制在池水的1/5，加水应选择在凌晨或上午进行，不宜在傍晚加水。

（2）**调控水质** 水体溶氧量应常年保持在4.5毫克/升以上，pH值稳定在7～8.5，分子氮小于0.02毫克/升、亚硝酸盐小于0.2毫克/升、硫化氢小于0.1毫克/升。如有下列情况，需要换水或采取其他措施：pH值日波动幅度大于0.5，pH值小于7或

pH 值大于 9；池水透明度大于 70 厘米或过于浑浊而小于 20 厘米；池水颜色显著变暗，无机悬浮物的数量增加，池塘水面出现稳定的泡沫，有机物多而耗氧量增加；动物浮头，池塘底质发黑。

需要强调的是池塘底部溶解氧的重要性。溶氧量的高低直接影响河蟹的生长发育以及饲料的利用率。《渔业水质标准》中规定：养殖用水的溶氧量在一天 24 小时中，必须有 16 小时以上时间大于 5 毫克 / 升，任何时间不得低于 3.5 毫克 / 升。实践证明，当池塘底部溶氧量低于 2 毫克 / 升时，河蟹就会上岸爬草，此时已经导致河蟹应激并影响其生长。研究表明，当池塘缺氧时饲料利用率很低，饲料成本提高且污染水质。因此，有必要提高池塘底部的溶氧量。提高池塘溶氧量除了种植水草，还有必要安装微孔增氧设备。微孔增氧设备能有效增加全池溶氧量，降低饵料系数，提高河蟹产量。现介绍微孔增氧设备。

微孔增氧机主要由主管道、曝气管、支气管道、主机四部分构成。

微孔增氧技术的好处：纳米管产生的气泡更加微小，加大空气与水体的接触面积；微小气泡上升速度减慢加大空气与水体的接触时间。

微孔增氧装置在海水中增氧效果是水车式增氧机的 4 倍多。微孔增氧方式水体溶解氧（DO）含量明显高于水车增氧方式（图 8-1）。微孔增氧池塘上中下水层间溶氧水平差别不大，这显然更为重要。研究表明，此技术可以显著提高对河蟹血清超氧化物歧化酶（SOD）、溶菌酶活力、抗菌酶活力，提高河蟹的免疫防御能力。

（3）及时保护和控制好水草 按照不同生长期控制水草的覆盖率。春季占 20%～30%，夏季占 50%～60%，秋季占 30%～40%，水草过少时，应适当进行补种或移栽，水草过多时，应及时采取割茬清除、缓慢加深池水、增加池底溶氧量等措施。水草应控制在水面向下 20～30 厘米为最佳。水草应注意防枯萎、烂

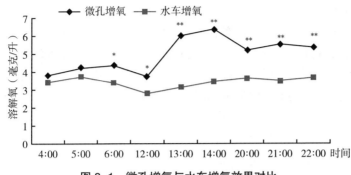

图 8-1　微孔增氧与水车增氧效果对比

茎、变黄、烂根、黏泥、疯长等，具体情况应采取相应技术措施及时加以处理。

俗话说"蟹大小看水草，蟹多少看水草"，水草对于河蟹的重要性从这一句话中就可以体现。这里需要强调的是：伊乐藻和水韭菜的管理。

众所周知，伊乐藻不耐高温，高温非常容易使根部发黑死亡。其实，只要做好打头工作就能有效激发伊乐藻的生长，即使在高温的 8～9 月份，伊乐藻依然可以生机盎然。5 月份伊乐藻长势很好的池塘可以开始打第一次头，保持在 30 厘米；如果池塘水质清澈（透明度过大），就可以多次打头，使伊乐藻长得更好；如果水浑，建议暂时不打头。因此，伊乐藻的维护关键在于打头。

水韭菜在养殖后期 7～8 月份的高温期间很重要，主要原因是它在高温天气生长活力很强，净水，产氧，调水能力都比较好，所以深受养殖户的喜欢。但是目前水韭菜在种植过程中的问题比较多——出芽率低，虫害严重，夹草等一系列问题导致水韭菜在江苏省兴化区域河蟹池塘很难保住，最终导致河蟹养殖失败。下面将重点讲述水韭菜方面的原因。

第一，种植方式。

常规的种植方式：滩面按照 3～4 米一条的路线规划出来，翻耕 4 米，留 4 米的空白地带作投食区，把水韭菜种子晒干碾碎，之后拌土按翻耕出的区域种植。这种种植方式有一定局限性，就很容易出现扎根不牢，水韭菜发芽后易漂浮。

改进方法：可以在拌土撒种之前将所要种水韭菜区域用耙子在田面开辟 3～5 厘米深的浅沟，然后再拌土撒。这样，在风力，水的波浪作用下一些泥土会压住水韭菜种子，从而减少发芽漂浮的问题。

种植时水温要在 10℃以上，种好之后滩面上水 10 厘米，5～6 月份水位控制在 20～30 厘米，这段时期关键在于控制青苔爆发。具体做法可以提前在田面刚刚上水后立即泼洒杀青苔药。这样能用最低的成本控制青苔生长，而不是等青苔爆发再来处理。

水韭菜苗期比较娇小，生长较慢，5 月下旬至 6 月上旬进入快速生长期，7 月份在水底覆盖面可达 95%以上。

4 月下旬当水温达到 10℃～18℃时，水韭菜播种 5～10 天后开始发芽，6 月中旬，水位控制在 6～20 厘米，6 月下旬，30厘米以上，7 月中旬 60～80 厘米，9 月下旬至 10 月上旬，水韭菜开始大量开花并结籽叶子逐渐发黄腐烂，11～12 月份，可以收获水韭菜的种子，晒干留待翌年备用。

第二，注意事项。

早期滩面围网，防止螃蟹爬到滩面把水韭菜幼苗破坏，一直到水韭菜幼苗长到 10 厘米时，可以撤开围网。

注意防虫（毛蠓幼虫）：沟里的虫子会随注水上到滩面上，应及时杀虫。

水蚯蚓，主要生活在有腐殖质、腐烂东西和有机质多的土壤里。建议注水后使用氧化剂进行层质改良，破坏水蚯蚓的生长条件，从而预防水蚯蚓大量生长危害水韭菜的发芽，造成水韭菜扎根不牢而飘草。

5 月下旬，高温期螃蟹因为其自身的生理原因或受到外界的影响而应激，容易夹草。应注意观察螃蟹，具体情况具体分析，特别是饲料投喂足量。因为蟹种中期上田面的数量不多，时间也比较长，河蟹在田面没有经过驯食，不会在食路子里吃饲料，所以很多养殖户投喂量少，导致螃蟹吃不到饲料，结果出现夹草。可以适量投喂冻鱼预防螃蟹夹草。建议早期可以在草区边上撒饲料，饲料量可以大一点，浪费一点饲料也没有太大关系，只要上田面的河蟹能吃到饲料就好，慢慢往食路子上引。

6月上旬，水韭菜生长较快，要注意控草，否则，水韭菜生长过多的话，一个是影响水体流动晚上水韭菜呼吸作用耗氧严重容易缺氧，另一个就是水韭菜长出水面叶片容易腐烂从而败坏水质，可以使用割草的方法来控制。

水韭菜池塘可以少量搭配轮叶黑藻，它们同属高温草，高温期可与水韭菜形成竞争，防止水韭菜生长过密，不好投食。

（4）及时改良底质　底质的好坏直接影响到水质变化情况，如底质恶化，再采取什么措施，水质都难以调节好。在生产中，底质管理往往容易被忽视，必须养成定期（每隔7～10天）使用底质改良剂的习惯，管理好底质，水质就容易管理好。

（5）及时观察水色和测定水质理化指标　水质通常可通过水色来反映，常见优良水色如茶褐色、黄绿色、淡绿色、翠绿色等，常见不良水色如白浊水、清色水、浑浊水、油污浮沫水、暗绿色及墨绿色、黑褐色及酱油色水。水质不良除了在水色上得到直观的体现外，还可通过仪器测定在水质指标上如氨氮、硫化氢、亚硝酸盐等反映出来。若水质指标发生变化，应做适当的调整。

（二）底质养护

养蟹先养水，养水先养泥（底质）。河蟹对氨氮、硫化氢等污染敏感，必须定期净化池底。河蟹营底栖生活，蟹池底质的好坏直接影响河蟹的生存与生长，底质又是河蟹残饵、粪便集中区，直接决定着河蟹池水质的好坏，也是水草根系生长好坏的决定因素之一。河蟹池积累的残饵、粪便等有机污物只有不断通过有益微生物分解成小分子物质被水草吸收利用，在这一过程中同时需要及时补充磷、钾、钙等营养盐，平衡水草对各种营养盐的需要，改善底质的通透性，消除池底氧债，消除水草"黄根""黑根"现象，促进水草根系发达，才能保持河蟹池良好的底质和水质状况。河蟹池底质养护的主要措施为：定期使用生石灰、沸石粉、增氧剂、微生态制剂。

1. 定期使用底质改良药剂　定期使用氧化型底质改良剂。使用频率视具体情况具体操作，加速对池底有机污物的氧化分解，抑制病原微生物的繁衍。水温18℃～28℃时每15～20天使用1次，水温超过28℃时，每7～10天使用1次。

2. 适时施肥，平衡水草生长需要的矿物质营养盐　为促进水草生长或调节水质，应适时施肥，尤其是含磷、钾、镁、硼、钙、硅、锌等无氮肥料（如"藻壮素"）的施用，4～5月份和9～10月份时每15～20天使用1次，6～8月份时每10～15天使用1次。

当池塘底部的淤泥处于厌氧环境时，由于细菌代谢，硫化物开始积累。硫化物对河蟹具有高毒性，以硫化氢的毒性最强，其毒性随着水温升高、pH值下降、溶氧量降低而加剧。

在此特别强调黑底，黑泥中富含大量的硫化氢气体以及病原微生物。底泥与液面之间有层脆弱的保护层，正常情况下起到延缓作用。但是环境恶劣时，比如暴雨过后导致河蟹大量死亡；倒藻或者水草腐烂导致河蟹大量死亡；河蟹脱壳不遂、软壳导致的死亡。这就解释了为何梅雨季节过后河蟹池塘常发生"爆塘"现象。对于河蟹来说，受到硫化氢危害的主要特征是：河蟹鳃部发黑，有时候伴有水肿，并有污染物附着；附肢尖端发黑、损坏，有时候有甲壳溃疡。死亡地点常在底泥或者死亡水草附近。提前预防硫化氢产生的关键在于重点维护底质的良好。笔者见过有些养蟹户池塘的底泥已经明显发黑发臭，但就是不立即使用底质改良剂进行底质改善。他们有一套所谓的程序，到了所谓的时间才使用，我们需要强调的是因地制宜。不同环境的池塘底质有机物积累的速度是不一样的，因此要做到具体问题具体分析而不是人云亦云。因此，及时处理好池塘底质，维护好池底环境，能够有效提高河蟹成活率、河蟹品质，提高生产效益。

三、套养增收

河蟹市价的一跌再跌，单位面积平均利润逐年下降，需要我们认真思考不断挖掘潜力，据笔者多年的调查了解和借鉴外地的养殖经验，利用现有的蟹塘进行综合养殖，不失为一条增加效益的有效途径，今后应当大力推广蟹鳜混养、虾蟹混养、鱼蟹混养等多种养殖模式，但要因地制宜，准确掌握水生生物学特性。例如，蟹、鳜混养的池塘需要水草丰富、水质清澈、野杂鱼虾多等条件，一是可以增加收入，二是鳜鱼吞食小杂鱼节省饲料投入成本，条件成熟的池塘可以借鉴推广。另外，在蟹价跌幅较大的情况下，建议扣蟹养成（此处略）自供，只要适合自己条件、有利可图的养殖品种、养殖方式就应积极大胆地尝试，使养殖利润最大化。此节简要介绍河蟹与亲虾、沙塘鳢的生态混养。

所谓生态混养，就是在养蟹的水面中，套放一部分沙塘鳢、亲虾，使鱼、虾、蟹互利共存，充分利用系统的剩余能量，对有机污染源进行全面合理的利用，形成一个结构合理、能量转换率高、效益好的良性渔业生态环境，以达到提高养殖综合经济效益的目的。混养有利于水体的生物循环，又能保持生态系统的动态平衡；有利于养殖品种生长；有利于保护生态环境降低水质污染；有利于规避市场风险（根据市场需求，采取随时捕捞和常年捕捞相结合的方式，所养的水产品都能卖到适当的价钱，避免单一品种养殖的风险，起到"东方不亮，西方亮"的效果，且资金周转快）。下面简要介绍主要步骤：

1. 苗种放养

①蟹种放养　2月份，水温达到4℃～10℃，放养80～100只/千克的"长江一号"蟹种，每亩放养1 000～1 200只，蟹种

要求规格整齐、无断肢、无性早熟（具体见蟹种培育部分）。

②青虾放养　虾种放养在 2 月初进行，亩放养规格为 1 600～2 000 尾 / 千克的虾种 15 千克。7 月份至 8 月上旬青虾起捕后，补放 7 000 尾 / 千克的青虾苗 5 千克 / 亩。

③鱼种放养　5 月上旬，从浙江省淡水水产研究所引进优质沙塘鳢苗种，规格在 1.5～2 厘米，每亩放养 300 尾。同时，搭配 10 厘米以上的大规格花白鲢 20 尾，用于改善水质。

2. 水草种植、螺蛳投放、投喂管理、水质管理　此处略。

3. 投入与产出　当年进行河蟹与青虾、沙塘鳢生态混养新模式的产品品质好，产品供不应求。2015 年 10 个采用此养殖模式的养殖户都取得了良好的效益。平均每亩产河蟹 80 千克、青虾 60 千克、沙塘鳢 10 千克、花白鲢 15 千克；按河蟹 70 元 / 千克，青虾 80 元 / 千克，沙塘鳢 150 元 / 千克，花鲢、白鲢 12 元 / 千克算，每亩产值达到 12 080 元。而当年养殖生产成本为 5 500 元 / 亩，其中塘租 1 200 元 / 亩、苗种 2 000 元 / 亩、饲料 1 500 元 / 亩、电费 200 元 / 亩、肥料 200 元 / 亩、水质改良剂 300 元 / 亩、人工费 300 元 / 亩，每亩效益可以达到 6 880 元，比周围未放养沙塘鳢的河蟹养殖户平均高出 1 000 多元 / 亩。

4. 分　析

①河蟹与青虾、沙塘鳢生态混养较当地传统的养殖模式（河蟹与亲虾混养），只是增加放养了一个养殖新品种。通过放养沙塘鳢，可以捕食池中野杂鱼和体弱病青虾，从而提高河蟹产量和青虾品质。同时，沙塘鳢为名贵鱼类，野生沙塘鳢已很难捕到，其价格一直居高不下，采用这种生态养殖模式养殖的沙塘鳢品质接近野生鱼，全部被周边农家乐预订，因此，在放养时新增一个品种即实现了亩增 1 000～2 000 元的目标。

②根据 2015 年河蟹、青虾的行情及池塘产出情况来看，该放养模式还有进一步优化空间。例如，全年青虾价格一直稳定在 80 元 / 千克左右，且在当地就可以完全销售，那就可以把青虾放

养密度提高到 25 千克 / 亩，后期不必再补放，足够保证青虾产量，同时又不影响河蟹等其他品种生长。又如，大规格的河蟹量少价高，河蟹放养密度可以降到 800～1 000 只 / 亩，从而提高河蟹整体规格和大规格河蟹数量，增加河蟹产值。

　　总之，在河蟹养殖过程中如何有效降低生产成本、合理利用水体空间来增加养殖效益是一项综合性的技术工作，从业人员一定要提高认识，科学管理，才能达到节本增效的目的。

第九章

河蟹病害防治

近年来，随着河蟹土池育苗、工厂化育苗的发展，育苗阶段的病害问题日益突出。

河蟹的病害根据河蟹生长阶段的不同大致可以分为 3 类：河蟹繁育阶段的病害、仔蟹阶段的病害和成蟹阶段的病害。而在成蟹阶段的病害根据病原生物的不同又可以分为寄生虫疾病、细菌性疾病、病毒性疾病、真菌性疾病和敌害生物。下面首先首先介绍河蟹繁育阶段和仔蟹阶段的病害，最后介绍成蟹阶段的疾病。

要求掌握河蟹繁育与仔蟹阶段疾病的防治；成蟹养殖阶段的病毒性疾病、细菌性疾病；成蟹养殖阶段的其他疾病，从而有益于河蟹养殖。

一、河蟹繁育与仔蟹阶段的疾病

（一）河蟹繁育期间的疾病

1. 抱卵亲蟹的掉卵

【病因及症状】 抱卵亲蟹的卵掉落以及自食其卵，这主要是由于水环境中的 pH 值及重金属离子污染和水温波动等所引起的。而自食其卵则是因缺乏适口的饵料及钙元素和维生素 C 引起的。

【防治方法】

①保证水质干净无毒。

②定期检测水质指标，当 pH 超标时，应立即调控至正常范围，水中的重金属离子超标时则采用 EDTA 钠盐进行调节，保持整个养殖过程的水质清洁。

③保持水温恒定，降低水温的波动幅度。

④根据亲蟹培养中水温的不同，搭配不同的饵料比例。

2. 溞状幼体不开口

【病因及症状】 溞状幼体 $Z_1 \sim Z_2$ 期变态时，幼体不能开口摄食，这主要是水质老化，藻类不适口，并有部分溞状幼体变态畸形等所引起最终导致死亡。

【防治方法】

①保证育苗池内的水质清洁。

②及时观察河蟹幼体的生长情况，根据生长需求更换饵料。

3. 氨氮、亚硝酸盐中毒

【病因及症状】 溞状幼体 $Z_4 \sim Z_5$ 期变态时，发生第二次大批死亡。这主要残饵粪便导致氨氮，亚硝酸盐超标，引起死亡。

【防治方法】

①及时清除粪便残饵，保证育苗池池底清洁。

②患病时，用 $0.5 \sim 1$ 毫克/米^3（新洁尔灭）或 $0.5 \sim 1$ 毫克/米^3 的高锰酸钾全池泼洒，施药 $2.5 \sim 3$ 小时后加水或换水。

③硫酸铜和硫酸亚铁合剂（5∶2）全池泼洒，使池水浓度保持 $5 \sim 7$ 毫克/米^3。

4. 变态难症

【病 原】 病原不详。

【症 状】 溞状幼体 Z_1 变 Z_2 及 Z_5 期变大眼幼体，变态不成

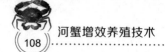

功。显微镜检查无病原体发现，消化道内无食物，消化道较健康，个体更加细长。

【病因及流行情况】 该病的发生通常与水质的理化因子有密切关系。幼体摄食停止，最终死亡。死亡率高达90%以上。主要是在 Z_1 期未变态前死亡，故称变态难症。Z_5 期变大眼幼体，不能变态。此时细菌中的弧气单胞菌大量发生，这是超标使用抗生素，细菌产生抗药性，以及饵料质量不佳等导致死亡。

【防治方法】 通过改善育苗池水质可以获得较理想的预防效果。

5. 大眼幼体第3～4天淡化过程中死亡

【病因及症状】 主要是所用饵料不适，导致大眼幼体细菌肠炎发生，或者是由于幼体对养殖水体的快速淡化不适应，或是因直接使用不经过暴晒、增氧等措施的深井水而引起死亡。

【防治方法】 饵料适口且干净；淡化需要逐渐进行，一般每天降低幅度控制在 3‰～5‰。

6. 真 菌 病

【症　状】 患病幼体开始在水中高速旋转，随后活力下降，幼体白浊。头胸部附肢僵直，停食，下沉至水底，间歇性痉挛颤动，很快死亡。

【病原与病因】 该病病原为链壶菌。镜检时发现病灶充满大量弯曲粗大菌丝，肌体局部出现空洞。甚至有的个体鳃丝及头胸甲与腹部结合处形成球形孢子囊。主要是水质污染引起。

【流行及防治情况】 仅在大眼幼体阶段发现，患病幼体在24～48小时内死亡，死亡率高达100%。目前尚无有效的防治方法，主要是保证水质清洁，减少水污染来降低发病概率。

7. 黑 化 症

【病　原】 病原不详。

【症　状】　①患病幼体体色较正常幼体深而偏黑，且随着生长发育体色越来越黑。但在前期能正常变态，个体体积偏小，为正常幼体的 2/3 左右。最终难以变态为 Z_5，也有极个别能变态成大眼幼体，但所需时间较长。②无明显病变部位，亦无病原体发现。

【防治方法】　投喂活体饵料，改善育苗水质。

8. 气 泡 病

【症　状】　幼体在水面游动缓慢，不久在体表及体内出现许多气泡，在血腔及消化道内也有气泡。

用显微镜检查，但要注意在制备临时压片时，盖玻片要轻轻盖上，防止将幼体压破或将气泡带入。

【病　因】　水中某种气体过饱和，都可引起虾、蟹的幼体患病。

【防治方法】　防止水中气体过饱和。当发现患气泡病时，应立即大量换入溶解气体在饱和度以下的清水，室内加温养殖，可同时稍降低水温，即可逐渐恢复正常，尤其是氧气过饱和引起的气泡病比较容易恢复。

（二）幼体生长期间常见疾病及敌害生物

1. 摇蚊幼虫

【病　原】　摇蚊幼虫又叫血红虫，呈蠕虫状。体色深红。幼虫头部甲壳质化，其两侧有 1～2 对眼，触角短，多为 5 节，有的触角伸长呈管状。在河蟹幼体培育土池中，摇蚊幼虫的密度有时可高达每平方米 1 200 余条。大量摇蚊幼虫的存在，对溞状幼体的安全有直接的威胁。根据试验观察，借助于放大镜，可以见到摇蚊幼虫用身体缠绕住溞状幼体加以咬食。

【防治方法】　①彻底清塘，用 0.2%～0.3% 甲醛溶液清塘，杀灭虫体；②土池育苗结束，饲养鲤鱼，摇蚊幼虫作为鲤鱼的饵料达到消灭目的。

2. 华镖鳋

【病　原】　华镖鳋经常在土池育苗幼体培育池里。生长繁殖迅速，形成优势种群，扰乱溞状幼体安宁及争饵，使溞状幼体很难培育至 Z_3 期。

【防治方法】　①土池育苗前要彻底清搪消毒；②进水时，海水要严格过滤，阻止华镖鳋及其幼体、卵囊带入。

3. 蟹缘毛类纤毛虫病

【病　原】　缘毛类纤毛虫属纤毛动物门，寡膜纲，缘毛目，有许多科、属、种。由于致病性病原多属固着亚目，故又称为固着类纤毛虫病。迄今，已在河蟹幼体上发现4个属的纤毛虫，即钟虫科中的聚缩虫属、独缩虫属和钟虫属，以及累枝虫属。其虫体构造基本相同，都呈倒钟罩形。

【症　状】　①缘毛类纤毛虫在世界各地都存在，在我国围养地区、滩涂地区的动物、藻类上都存在。通常随产卵亲体、卤虫进入苗池，在盐度较低、水温在18℃～20℃条件下大量繁殖，侵害幼体。缘毛类纤毛虫可在各种品种、品系的蟹虾幼体上生长繁殖致害。附生少时，可随幼体脱壳而去除，危害不大。但附生多时，就会出现摄食减少、活动不灵、发育受损、生长缓慢直至死亡；②临床上检查，可见病体行动迟缓，摄食困难，体表附有大量绒毛状物，表现十分笨拙，甚至漂浮于水面。重者停止发育（图9-1）。

【病因及流行情况】　病因复杂，主要是水质污染。聚缩虫病主要发生在溞状幼体及大眼幼体各阶段，妨碍

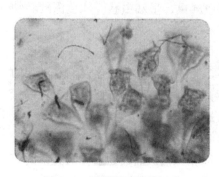

图9-1　显微镜下的纤毛虫

其摄食和呼吸，可致幼体死亡。

【防治方法】

治疗：尚无有效、安全治疗药物，以下疗法用于蟹幼体较好。

①在水温 23℃～25℃下，可将鱼虾虫菌克溶液用水稀释至 1 000 倍液药浴 30～40 分钟。

②可将 37%～40% 甲醛溶液用水稀释至 5 000～10 000 倍（含甲醛 80～40 毫克/升），药浴 1 小时后连换清水数次，以清除残留甲醛。

预防：首先要做好日常的综合性防治措施，如定期清池消毒、经常换水、防止污染和加强饲养管理等。预防方法如下：

①亲体、幼苗入池前最好用甲醛溶液药浴消毒 1 次。

②育苗池的池水在进水时应沙滤。

③孵化卤虫卵时，卵和水都应消毒，如卵壳上有纤毛虫则可用 60～70℃热水烫一下再孵化，后投喂。

④加大换水量，保持水质和水温稳定，投饵料切勿过量，要多投活饵以增强抗病力，使其正常发育，及时蜕完。

（三）仔蟹（豆蟹）易发疾病

1. 河蟹爬上岸不下水症

【病　原】　细菌性疾病。

【症　状】　I–V 期幼蟹上岸，上草，长时间不下水，直至脱水而亡（图 9-2）。

【病　因】　主要是鳃丝感染细菌性疾病，蜕皮时未蜕下鳃丝旧皮，另外鳃丝长有纤毛虫、pH值忽高忽低、淡化速度过快等因素引起。

【防治方法】　杀菌和杀纤毛虫相结合使用，连续使用 3 天。

图 9-2　幼蟹上岸不下水症

二、成蟹养殖阶段的病毒性疾病、细菌性疾病

河蟹在天然环境中抗病能力较强，但在池塘集约化养殖的情况下，因养殖密度大，活动范围受限制，加之饲养管理方法的缺陷，容易导致蟹病发生，本节着重介绍在河蟹成蟹养殖阶段常见的病毒性疾病和细菌性疾病，并提供了防治方法进行参照。

（一）病毒性疾病

1. 颤 抖 病

【病　原】　螺原体。

【病　因】　此病发病率和死亡率都很高，曾经是河蟹养殖生产

图 9-3　病蟹步足环起，肝脏发白，鳃丝溃烂

中危害最严重的一种疾病，经王文教授多年研究攻破，田螺原体感染引起。

【症　状】　病蟹采食减少至停食，行动缓慢，反应迟钝，离水上岸，失去脱壳能力。步足无力，不能爬行，呈颤抖状，有时可见步足僵立，支撑于地面。并伴有黑鳃、肠炎等病并发（图 9-3）。

【防　治】

①不从疫区引入蟹种，并对蟹种进行消毒。

②消毒池塘，保证水质清新。

③拌料投喂氟苯尼考，能有效预防。

（二）细菌性疾病

1. 弧 菌 病

【病　原】　溶藻弧菌、鳗弧菌、副溶血弧菌等多种弧菌。因病菌主要发现在血淋巴中，所以又称为菌血病。

【症　状】 被感染的幼体活力差，多在池水的中、下层缓慢游动，摄食量减少或不摄食。病理身体瘦弱；爬动不活泼，呈昏迷状态。观察鳃组织中有血细胞和细菌聚结成不透明的白色团块，在濒临或刚死的病蟹体内有大型的血凝块。在高倍镜下观察刚从病蟹中抽出的血淋巴，可见大量运动活泼的杆状细菌。该病发病快，死亡率高，尤其是在高温时期受感染的河蟹在 1～2 天就会死亡。这种病对河蟹幼体、幼蟹、成蟹都有很大的危害。

【病　因】 机械性损伤，导致病原入侵。

【防　治】 预防为主，方法如下：

①对育苗设施、育苗用水严格消毒。

②挑选健壮不带菌的亲蟹，并对抱卵蟹进行消毒。

③饵料新鲜、清洁，投饵量适宜。

④发病时用五倍子或乌梅 1 克/米^3 煎液全池拨洒，连续 3 天。

⑤全池泼洒二氧化氯，使池水浓度为 0.5～2 克/米^3。

2. 甲壳溃疡病

【病　原】 多种具有分解几丁质能力的细菌。

【症　状】 病蟹步足尖端破损，成黑色溃疡并腐烂，然后步足各节及背甲、胸板出现白色斑点，斑点的中部凹下，呈微红色并逐渐变成黑色溃疡；严重时中心部溃疡较深，甲壳被侵袭成洞，可见肌肉或皮膜，最终导致河蟹死亡。此外，出现溃疡的病蟹还可被其他细菌或真菌感染。

【病　因】 步足尖端受损后被细菌感染，几丁质被破坏。

【防　治】

①生石灰彻底清塘，15～20 克/米^3 泼洒。

②经常加注新水。

③二溴海因，0.2～0.3 克/米^3 使用。

④ 0.2～0.4 克/千克的氟哌酸（诺氟沙星）添加于饲料，3天一个疗程。

3. 烂 肢 病

【病　原】 嗜水气单胞菌或藻毒素。

【症　状】 病蟹腹部及附肢腐烂，肛门红肿，行动迟缓，摄食减少甚至拒食，最终因无法脱壳而死亡。

【病因及流行】 捕捞运输、放养及生长过程中遭受机械损伤或敌害侵袭，使河蟹局部受伤后感染细菌所致。

【防　治】 在捕捞、运输及放养过程中勿使团体受伤。

4. 黑 鳃 病

【病　原】 嗜水气单胞菌等细菌。

【症　状】 鳃丝部分呈现黑色或暗灰色，严重时，鳃丝长满原生动物，在水中失去呼吸能力（图 9-4）。

【病　因】 水质恶化是该病的主要诱因。

【防　治】

①彻底清塘，清除淤泥。预防可定期用生石灰全池泼洒并消毒食场，经常注入新水，保持水质良好。

②发病时用生石灰 15～20 毫克 / 米^3、漂白粉 1 毫克 / 米^3 全池泼洒。

③可用二溴海因治疗，用量 0.2～0.3 克 / 米^3。

5. 肠道水肿病

【病　原】 嗜水气单胞菌或真菌中的毛霉菌、拟态弧菌。

【症　状】 初期壳发黄，腹部与背甲下方肿大透明，轻压头胸甲有水流出，鳃丝肿大，活力不足（图 9-5）。

【病　因】 腹部受伤后被细菌感染所致。

【防　治】

①在养殖过程中，尽量避免惊扰。

②经常加注新水。

图 9-4 病蟹鳃丝呈暗灰色

图 9-5 病蟹腹部肿大呈透明状

③全池泼洒 1～2 克 / 米³ 漂白粉。

6. 胃肠气病

【病　原】　肠型点状气单胞菌。

【症　状】　病蟹体表清白，打开腹盖，轻压肛门，可见黄色黏液流出，病蟹消化不良，胃肠发炎、无食，有较多的淡红色黏液。因病不吃食，若不及时治疗，不仅影响其生长，还会导致死亡。

【病　因】　投喂难于消化或腐败变质的饲料引起。在池水恶化、水温高的环境中，引起消化不良、肠胃发炎。

【防　治】

①投喂新鲜无霉变的饲料，饲料应投放在浅滩处，隔日清除残饵，保持池水清新。

②每千克饲料加大蒜泥 100 克（大蒜捣烂，不要煮），每天1 次，连喂 3 天。

（三）成蟹养殖阶段的其他疾病

1. 真菌性疾病

（1）水　霉　病

【病　原】　常见有水霉菌和绵霉菌，为丝状真菌。

【症　状】　蟹体表菌丝大量繁殖，生长成丛、像一团团灰白色

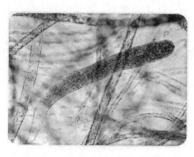

图 9-6　显微镜下的水霉菌丝

陈旧棉絮。菌丝长短不一，一般为 2～3 厘米。向内外生长，蔓延到组织间隙之间；向外生长成棉团状菌丝，俗称生毛。由于霉菌能分泌一种酵素分解组织，蟹体表面分泌大量黏液。病蟹行动迟缓，摄食量减小，伤口不愈合，脱壳不遂死亡（图 9-6）。

【病　因】　由于蟹体机械损伤或被其他病菌侵袭，导致水霉、绵霉的游动孢子侵入蟹体伤口，吸取营养，迅速萌发成菌丝。水霉菌繁殖的最适宜温度在 13℃～20℃，10℃ 以下或 20℃ 以上繁殖力较差。此病对河蟹的卵、幼体、成体均造成危害。

【防　治】

①河蟹捕捉、运输、放养等操作要细致，放养时用漂白粉或食盐液浸洗消毒。

②病蟹用 3%～5% 食盐水浸泡 5 分钟，并用 5% 碘酊擦患处。

（2）链壶菌病

【病　原】　链壶菌。其菌丝分枝，无隔膜或偶有分隔，全实性，细胞壁较薄，直径为 7.5～40 微米，黄绿色。菌丝成熟后可长出细长的放出管，放出管的顶囊可释放出游动孢子，游动孢子在水中游泳遇到蟹卵或幼体就附着上去发育成菌丝。

【症　状】　被链壶苗感染的蟹卵和幼体，在显微镜下可看到弯曲、分枝的菌丝，严重时菌丝可凸出体表成绒毛状。在正常橘黄色蟹卵团块上生病的卵呈褐色，在正常的褐色或黑色蟹卵团块上生病的卵则呈浅灰色。该菌一般仅侵害卵块表面的卵，而不穿入卵块内部，受感染的卵粒不能孵化。幼体感染该菌后体色变为灰白色，不透明，似棉花状，活力下降，趋光性差，摄食减少或不摄食，散游于水体中下层，不久即死亡。该病传染快，若不及时治疗，幼体在 1～2 天内会发生大量死亡甚至全部死光。该病最适发病的温度为 25℃ ～ 32℃。该病对抱卵蟹的感染率最高时可达 90%，卵感染率可达到 25%。

【防　治】

①用二氧化氯、聚烯吡酮碘（PVP–I）对池子和操作工具进行消毒。

②当发现卵上有链壶菌寄生时，应将病体及时捞出销毁，对其余的抱卵蟹用霉菌素药浴 1 小时。

③育苗用水必须经过沉淀、过滤、消毒处理。

④预防为主，发现患病要及早治疗，严重感染后无法治疗。当被感染幼体上仅有链壶菌菌丝，而未形成大量顶囊和动孢子时，可将水位降低后全池泼制霉菌素，每立方米水体投药 62.5 克。药浴 2 ～ 2.5 小时后再加满水，1 小时后进行大换水。

⑤当幼体上不仅有菌丝，且已形成顶囊，向水中游出动孢子时，应将水位降低后，每立方米水体中放制霉菌素 100 克，药浴 1 ～ 1.5 小时后再加满池水，隔 1 小时后进行大换水。治疗后顶囊内的原生质收缩，动孢子变形或失去放散能力。

三、寄生虫疾病

（一）微孢子虫病

【病　原】　微孢子虫。微孢子虫属微孢子科、微孢目。孢子呈梨形、卵圆形或茄形。孢子很小，长 2 ～ 10 微米。孢子外有 3 层孢膜，前端有一极帽。极泡具有在膨胀时将极丝和泡质挤出孢子外的功能。极丝呈管状，基部附着在极帽上。极丝穿过极泡呈螺旋状绕在孢质和极泡后部周围，末端膨大呈杯状或囊状。现已发现危害较大的为微粒子虫。

【症　状】　微孢子虫主要寄生在河蟹的肌肉和生殖腺内，被感染处组织松散柔软，肌肉变白色，混浊不透明。由于河蟹壳较厚，不易看清内部肌肉的颜色，但在附肢的关节处肌肉变混浊白色，较容易看到，感染严重时，河蟹横纹肌纤维被溶解呈乳液状，镜检可见大量孢子。剖检时，可见肌肉松弛变白、不透明，鳃和皮下出现瘤状白色肿块，有的卵巢、心、鳃、肝胰脏和中肠肿胀、变白、不透明。有些病蟹在背面和背侧有蓝黑色的色素沉淀，病蟹不能正常爬动，在环境条件不良时易死亡。

【病因及流行情况】 此病是由于健康的河蟹吞食含有该病的鱼、虾、蟹的肉或微孢子虫的孢子而感染发生，这些孢子在寄主体内不断的生长增值。破坏组织，从而引起寄主死亡。幼蟹至成蟹的各个阶段都可能染有此疾病。

【防　治】 目前尚无有效治疗方法，以预防为主。

①放养前彻底清池，排干水用生石灰 150 克 / 米^2 全池泼洒。养殖期间定期用生石灰 15～40 克 / 米^2 或漂白粉 0.8～2 克 / 米^2 泼洒消毒池塘及其设施。

②及时清除病蟹，然后将其余动物捞出放入新池，并用 0.5～1 毫克 / 米^3 土霉素和鱼安康（磺胺甲噁唑）混合剂拌饵料后投喂。在预防上，主要贯彻综合性防疫措施，特别要慎重处理鱼、虾、蟹混养，以防混合感染。

（二）纤毛虫病

【病　原】 聚缩螺枝虫、单缩虫、钟形虫等寄生虫。

【症　状】 纤毛虫常固着生长在河蟹体表各部位，呈棕色、黄绿色或灰黑色绒毛状，病蟹白天上岸，或上草，严重者停食呼吸困难，进水孔堵塞，可堵塞进出水孔，使河蟹窒息死亡。

【病因及流行情况】

①有机质过多，池底败坏。

②纤毛虫大量繁殖。

【防　治】

①彻底清塘，改善养殖环境。

②加强饲养管理，勤换水，投喂优质饲料，投喂量适宜，合

理密养和混养。

③患病时，将水位降低，用5～10克/米²的高锰酸钾全池泼洒，施药2.5～3小时后加水或换水。

④用硫酸锌全池泼洒，使池水中硫酸锌浓度达到0.3毫克/米³。

注意：在使用硫酸铜和高锰酸钾治疗蟹病时，必须慎重，切勿过量，次数不宜过多，并在用药数小时后，应大量换水，将残余药水换掉。

（三）蟹 奴 病

【病　原】　蟹奴，是在形态上高度特化了的寄生甲壳类，蟹奴属蔓足类动物，甲壳纲，根头目，个体长2～5毫米，厚1毫米，寄生在蟹的腹部，吸收河蟹的体液作为营养物质。在外形上很难看到它有甲壳动物的特征，只有在幼体阶段才能知道它属于甲壳动物。蟹奴的幼虫，钻到河蟹腹部刚毛的基部，生长出根状物，遍布蟹体外部，并蔓延到内部的一些器官。一只蟹常被几个乃至十几个蟹奴寄生（图9-7）。

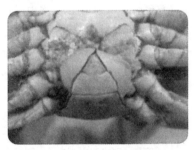

图9-7　寄生于腹脐的蟹奴

【症　状】　病蟹躁动不安，食欲差，有时步足撑起腹脐张开下垂。在体表上没有十分明显的病灶，仅腹部略呈臃肿。打开腹部可看到腹部内侧寄生有许多白色或半透明状的颗粒，数量不等，7～8时颗粒较硬，以后逐渐变软。病蟹雌雄难辨，雄蟹的脐略呈椭圆，近似雌蟹，而雌蟹的脐为近似三角形，粗看又像雄蟹。解剖检查，蟹性腺遭到严重破坏，有的甚至看不到精巢和卵巢。严重感染的蟹，其肉有异味，不能食用，俗称"臭笼蟹"。河蟹寄生蟹奴后，不能再脱壳，一般不能长成商品规格。

【病因及流行情况】　蟹奴生长在含有一定盐度的咸水或半咸

水中，蟹种易感染蟹奴而得病，往往由引种而带入内陆池塘。幼蟹至成蟹的各个阶段都可能染有此疾病。

【防　治】

①在投放幼蟹前严格清池，杀灭池内蟹奴幼虫。

②严格检疫，剔除患病的幼蟹。

③用硫酸铜和硫酸亚铁合剂（5∶2）全池泼洒，使池水浓度保持 0.5～0.7 毫克 / 米 ^{3}。

（四）蟹疣虫病

【病　原】　蟹疣虫引起的疾病。

【症　状】

①各种蟹都易感染，主要寄生在蟹的鳃腔中，吸取血淋巴液而促使寄主消瘦、生长缓慢、阻碍呼吸和侵害生殖等。

②临床上可见寄生鳃部隆起如疣状，呼吸困难而露出水面，生长缓慢，长不大。将鳃盖揭开，可见到虫体。

【病因及流行情况】　由蟹疣虫这种寄生虫引起。幼蟹至成蟹的各个阶段都可能染有此疾病。

【防　治】　经常消毒、净化水质。

（五）肺吸虫病

【病　原】　肺吸虫引起的疾病。肺吸虫病是一种人兽共生的寄生虫病，它一生有 3 个宿主：淡水螺是它的第一中间宿主，是肺吸虫尾蚴寄生的宿主；河蟹则是它的第二中间宿主，尾蚴侵入到河蟹体后，形成囊蚴（图9-8）。

【症　状】　蟹有了囊蚴后，行动迟缓，甚至死亡。人或狗、猫、猪等生食了带囊蚴的河蟹，囊蚴

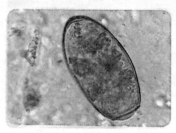

图 9-8　显微镜下的肺吸虫

就会在其体内发育成肺吸虫成虫进行有性繁殖，人患病后主要表现为咳痰和咯血。

【病因及流行情况】由肺吸虫这种寄生虫引起。幼蟹至成蟹的各个阶段都可能染有此疾病。

【防　治】

①新鲜粪便应发酵后再泼洒入池水；对蟹池内及其周围的淡水螺要消毒，主要是川卷螺。

②在投放幼蟹前严格清塘、杀灭塘内肺吸虫幼虫，通常所用药物有漂白粉、敌百虫等。

③经常检查蟹体，发现河蟹被肺吸虫寄生，立即将病蟹取出，并用 0.7 毫克 / 升硫酸铜和硫酸亚铁合剂（比例为 5∶2）全池泼洒，进行消毒。

四、非寄生性疾病

（一）脱壳不遂病

【症　状】病蟹头胸甲后缘与腹部交界处或侧板线出现裂口，但不能蜕去旧壳或只能蜕去部分旧壳，最终导致蟹死亡（图 9-9）。

【病　因】菌种因素。水草缺少。水位不稳。营养不平衡。

【防　治】选择优质蟹苗。水草种植合理。使用优质饲料，补钙。

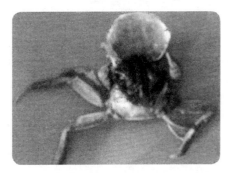

图 9-9　脱壳不遂

（二）蟹种因性早熟而引起的死亡

【症　状】　蟹种规格一般多在 15～50 克，体内性腺却已发育成熟。病蟹几乎不爬入池水中，而是在堤埂上防逃墙基部来回爬动，无打洞掘穴现象，有抱对现象。脱壳期间侧板线已裂开，但无脱壳反应。一般于 3 月底开始出现死亡，4～5 月份出现死亡高峰。

【病　因】　主要是种质退化；育苗采用高温、高药、高密度。严重损害蟹苗健康；培育过程中有效积温增加和营养过剩；生产中滥用促生长剂和脱壳素之类的药物等造成。

【防　治】

①进行种质改良，培养优良品种。

②适当增加蟹苗放养密度，等蟹苗变成仔幼蟹时，再根据仔幼蟹的实际生长情况适当增减其数量，调整其密度。

③降低育苗水温，推迟出苗时间。适当增加蟹种池的水深和换水次数，并对蟹种池进行遮阴通风，以设法降低池水温度。

④控制投饵，防止饵料过多过精，特别要控制动物性饵料不要投喂过量，忌用促生长剂等药物。

（三）软　壳　病

【症　状】　河蟹在脱壳后，长时间甲壳不变硬（超过 33 小时），用手捏，通体柔软。病蟹不食不动，易遭受敌害侵袭。

【病　因】　缺钙镁离子引起。

【防　治】

①在脱壳高峰期，定期施放生石灰和磷肥。

②在饲料中注意营养平衡，动、植物蛋白配比合理。饲料中可适当添加胆固醇、脱壳素、营养盐等物质，以促进脱壳。

（四）中　毒　病

【症　状】　鳃丝粘连呈水肿状，或河蟹的腹脐张开下垂，肢体僵硬，步足撑起或与头胸甲离异而死亡。死亡肢体僵硬、拱起，腔脐离开，胸板下垂，鳃及肝脏明显变色。

【病　因】池塘水质恶化，产生氨、硫化氢等大量有毒气体；清塘药物残渣、过高浓度用药、进水水源受农田农药（化肥）、工业废水污染；投喂被有毒物质污染的饵料；水体中生物（如甲藻、小三毛金藻）所产生的生物性毒素及其代谢产物等可引起河蟹中毒。

【防　治】

①清塘忌用有残毒药物。

②换水，定期用生石灰、漂白粉泼洒。严格控制已受农药（化肥）或其他工业废水污染过的水进入池内。

③池中栽植水花生、聚草、凤眼莲等有净化水质作用的水生维管束植物，同时在进水沟渠也要种上有净化能力的水生植物。

④投喂营养全面，新鲜的饵料。

⑤一旦发现上述症状，首先迅速降低池中水位，同时，彻底换水。针对不同的毒源，采用药物中和等措施。目前对有机磷农药中毒防治的办法，最有效的就是换水，也可用解磷定；如是重金属离子污染中毒，可用依地酸钙钠 2～4 克/米^3，全池泼洒。

（五）蟹窒息症

【症　状】　①临床检查观察时，病初可见河蟹食欲降低，活动力下降，头不时浮出水面困难地呼吸：病后期不食、不动，浮于水面，最后窒息死亡，漂浮水面或沉底。②剖检时，单纯缺氧症尸体一般鳃部色泽不发黑，但会有细沙附着，不见其他病灶。③检测水中溶氧量，可以确诊。

【病因及流行情况】　①一般河蟹养殖池要求池水溶氧量为 5 毫克/升，若低于 2 毫克/升则会发生缺氧窒息死亡。最常见的原因是不换水、无增氧设备和饲养密度超限。②池水中有机物过多（残食、烂草、淤泥、排泄物），即水过肥，导致微生物大量繁殖而耗氧及产生大量有害物质。当池水的生化需氧量超过5毫克/升时。幼蟹至成蟹的各个阶段都可能染有此疾病。

【防　治】

①立即换新鲜水或增氧，同时清除池中过多的水生植物，特别是腐烂的植物。这项措施越早、越快，越见效。

②也可将爬到草上和上岸呼吸的蟹捞出，放入新鲜水池中饲养，以缓解病情。

③有条件的养殖场，可进行池水溶氧量和生化需氧量的检测，以便于采取换水或清池消毒等措施，从根本上防止此病的发生。

④放养密度始终是预防疾病发生的重要条件之一。过密，可引发缺氧、外伤以及污染，使池水水质变坏，促使大量生物（藻类、微生物、寄生生物等）滋生。

（六）生物敌害

【种类及危害】

（1）**鼠类**　鼠类对幼蟹和成蟹均有危害。当河蟹脱壳后身体柔软行动缓慢时或河蟹上岸进行气体交换、觅食时，更易被鼠类伤害。据观察发现，1只水老鼠1夜可吃掉十几只软壳蟹，有时连硬壳蟹也成为被食对象。

（2）**蛙类**　在养殖中发现，有些种类的成体和蝌蚪对河蟹有一定的危害，尤其对蟹苗和幼蟹危害最大。有人解剖1只体长3～5厘米青蛙，胃内竟有10多只幼蟹。

（3）**鸟类**　有些水鸟如鹭鸶、海鸥等也能啄食河蟹，特别是蟹幼体或软壳蟹。同时，有些鸟类也是蟹寄生虫的终末宿主，它们的粪便中含有寄生虫的虫卵，落入水中，便发育成可以感染河蟹的寄生虫。

（4）**青苔**　青苔是常见的丝状绿藻类的总称，它们包括水绵、双星藻和转板藻三属中的某些种类。一般情况下，少量青苔对河蟹没有什么影响，甚至还可充当河蟹饵料，一旦生长旺盛时，幼蟹爬入青苔中往往被缠住而困死。更重要的是，青苔在蟹池中大量繁殖消耗水中的养分，使河蟹生长脱壳所必需的一些营养元素变得贫乏或丧失殆尽。

【防　治】

①用生石灰彻底清塘，以杀灭各种敌害生物。

②在养蟹池四周定期放鼠药或安放鼠笼、鼠夹等工具并设置拦网或墙，防止青蛙跳入池中。

③进水时用网布裹住进水口严格过滤，防止将敌害生物进入育苗池。

④利用水蜈蚣、蛙类等的趋光性，用灯诱集后，用特制小捞网捕杀。

⑤用鸟枪或草人驱赶威吓攻击软壳蟹的鸟类或将软壳蟹移至隐蔽处，使之免受侵害。